Optimization and performance research
of CO methanation on Ni-based catalysts

Ni基催化剂
催化CO甲烷化性能
研究及优化

智翠梅 著

化学工业出版社
·北京·

本书主要分为绪论、理论基础与计算方法、Ni(111) 和 Ni(211) 表面 CO 甲烷化、La 和 Zr 协同 Ni 催化 CO 甲烷化、Ni_4-ZrO_2(111)、Ni_{13}-ZrO_2(111) 和 $ZrNi_3$-Al_2O_3 (110) 表面 CO 甲烷化、MoS_2(100) 和 S-$NiMoS_2$(100) 表面 CO 甲烷化、Ni 基催化剂催化 CO 甲烷化性能及趋势分析等几个方面。

本书具有较强的技术性、针对性和参考价值，可作为从事煤的清洁高效利用、煤化工一氧化碳合成及合成气转化制天然气技术的科研人员、技术人员的参考书，也可供在化工、化学、催化、能源、煤化工等学科领域从事基础研究和工业应用的研究人员及相关专业师生参阅。

图书在版编目（CIP）数据

Ni 基催化剂催化 CO 甲烷化性能研究及优化/智翠梅著 . —北京：化学工业出版社，2019.9
ISBN 978-7-122-34671-1

Ⅰ.①N…　Ⅱ.①智…　Ⅲ.①甲烷化法　Ⅳ.①TQ113.26

中国版本图书馆 CIP 数据核字（2019）第 115304 号

责任编辑：刘兴春　刘兰妹　　　　　　　装帧设计：史利平
责任校对：宋　玮

出版发行：化学工业出版社（北京市东城区青年湖南街 13 号　邮政编码 100011）
印　　刷：北京京华铭诚工贸有限公司
装　　订：三河市振勇印装有限公司
710mm×1000mm　1/16　印张 13　彩插 10　字数 206 千字
2019 年 9 月北京第 1 版第 1 次印刷

购书咨询：010-64518888　　　　　　　　售后服务：010-64518899
网　　址：http://www.cip.com.cn
凡购买本书，如有缺损质量问题，本社销售中心负责调换。

定　　价：85.00 元

本书是基于煤炭资源清洁、低碳和高效开发利用而开展的基础研究，煤制天然气是煤炭分质分级利用的重要反应，CO 甲烷化是煤制天然气的核心过程。金属 Ni 是 CO 甲烷化催化剂的主要活性组分，受限于反应器传热效率和催化剂活性温度因素，高温导致的 Ni 催化剂积炭结焦是目前 Ni 催化剂失活的主要原因；另外，合成气中微量 H_2S 的存在也能导致 Ni 催化剂的失活。因此，本书立足于解决甲烷化过程中的积炭和 S 中毒问题。

为发展耐硫抗积炭的低温 Ni 催化剂，本书以增加 Ni 微粒稳定性和增强 Ni 的耐硫性作为解决积炭和 S 中毒问题的关键。分析 CO 甲烷化过程中 Ni 表面 C 形成和 S 中毒机理，是 CO 甲烷化反应催化剂设计的先行指导，也是后期修正 Ni 催化剂使得 CO 甲烷化高活性高选择性的前提下，增加其耐硫、抗积炭和抗烧结能力的有效手段。

本书针对 Ni 催化剂易积炭烧结及微量 H_2S 导致的中毒失活问题，在电子-分子水平上研究了 CO 甲烷化过程中 Ni 催化剂失活和中毒的原因，通过助剂 La、Zr 及载体 ZrO_2、Al_2O_3 和 MoS_2 调变 Ni 基催化剂催化 CO 甲烷化性能，抑制或消除 Ni 表面上 C 生成和 S 吸附，以增加 Ni 催化剂稳定性，并提高 CO 甲烷化活性和 CH_4 生成的选择性。具体研究内容如下：

① 本书采用量子化学密度泛函理论计算方法，构建了助剂 La、Zr 及载体 ZrO_2、Al_2O_3 和 MoS_2 改性的 Ni 催化剂模型，较准确地反映了 Ni 催化剂的 "Ni 缺陷 B5 活性位" 以及 "La-Ni" "Zr-Ni" 和 "Ni-Mo-S" 活性位微环境。

② 研究了 Ni 晶粒暴露最多的 Ni（111）平台面、活性较高的 Ni（211）阶梯面、富有边角棱的小微粒 Ni_4 簇和粒径中等的 Ni_{13} 簇上 CH_4 形成路径，并与 La 掺杂的 LaNi（111）面、Zr 掺杂的 ZrNi（211）面和 $ZrNi_3$-Al_2O_3（110）面上 CO 甲烷化活性和 CH_4 选择性进行了对比；通过比较不同 Ni 催化剂模型上各反应物种的吸附及产物 CH_4、CH_3OH 和表面 C 的生成，直观地展现了不同 Ni 活性位微

观结构对 CO 甲烷化活性和 CH$_4$ 选择性的影响。 明确了 Ni 活性位微观结构中助剂 Zr 的具体存在形式和作用，为描述 Ni 基催化剂微粒的尺寸、组成及晶面等影响因素提供理论指导。

③ 研究了合成气中微量 H$_2$S 存在下，耐硫 MoS$_2$（100）面 Mo-edge 和 Ni 掺杂与 S 吸附形成的 Ni-Mo-S 活性位上 CH$_4$ 生成机理。 本着提高 CO 甲烷化活性和 CH$_4$ 生成选择性，探讨了各催化剂模型上 C 形成、C 聚集和 C 消除对 Ni 催化剂稳定性的影响。

助剂金属 Zr、La 和 Mo 及载体 Al$_2$O$_3$ 和 ZrO$_2$ 对 Ni 基催化剂的改性，能够实现增加 Ni 微粒稳定性和增强 Ni 的耐硫性的效果；进一步探索了助剂及载体在催化剂结构调变中的微观协同作用；阐明了 "Ni 缺陷 B5 活性位" 以及 "La-Ni" "Zr-Ni" 和 "Ni-Mo-S" 活性位中过渡金属离子的电子组态结构与催化性能的关系；最终诠释助剂及载体所调变催化剂活性位的微观特征和催化本质。

本书是在作者读博士期间研究成果的基础上，结合多年的教学经验和科研成果编写而成。 在此，衷心感谢王宝俊教授、章日光教授对本书的指导，感谢国家自然科学基金重点项目（批准号：21736007）的支持。 本书引用了部分的学术观点和珍贵文献，在此一并表达谢忱。

同时，感谢太原科技大学化学与生物工程学院各位领导的支持，感谢太原科技大学科研启动基金资助（批准号：20182003）对本书出版的支持！

受著者水平所限，书中难免有不足和疏漏之处，敬请读者予以斧正！

著者
2019 年 3 月

目录

第1章 绪论 1

1.1 合成气甲烷化研究现状 ………………………………………………… 1

1.1.1 CO 甲烷化反应和 Ni 催化剂 ………………………………… 1

1.1.2 Ni 催化剂的烧结和积炭 …………………………………… 2

1.1.3 Ni 催化剂的 S 中毒 ……………………………………… 3

1.2 Ni 催化剂积炭消除和 S 中毒抑制 ………………………………… 3

1.2.1 积炭消除 ………………………………………………… 4

1.2.2 S 中毒抑制 ………………………………………………… 5

1.3 Ni 基催化剂的改性 …………………………………………………… 6

1.3.1 结构改性 ………………………………………………… 6

1.3.2 助剂改性 ………………………………………………… 7

1.3.3 载体改性 ………………………………………………… 9

1.4 本书内容构思 ……………………………………………………… 11

1.5 活性金属、助剂和载体 ……………………………………………… 13

1.5.1 构建不同形貌的 Ni 活性位 ……………………………… 14

1.5.2 构建 Ni-M（M= La、Zr）活性位 ………………………… 15

1.5.3 构建 Ni-Mo-S 活性位 …………………………………… 16

1.5.4 CO 甲烷化机理 …………………………………………… 16

1.5.5 本书框架结构 …………………………………………… 18

参考文献 ……………………………………………………………… 19

第2章 理论基础与计算方法 26

2.1 密度泛函理论 ……………………………………………………… 26

  2.1.1　交换相关势 ……………………………………………… 26

  2.1.2　赝势方法 …………………………………………………… 26

2.2　反应过渡态理论 ……………………………………………… 27

2.3　VASP 软件包 …………………………………………………… 28

2.4　计算方法 ……………………………………………………… 28

  2.4.1　计算参数 …………………………………………………… 28

  2.4.2　计算公式 …………………………………………………… 29

参考文献 …………………………………………………………… 32

第3章　Ni（111）和 Ni（211）表面 CO 甲烷化：表面结构的影响　35

3.1　计算模型及参数 ……………………………………………… 35

  3.1.1　Ni（111）表面 …………………………………………… 35

  3.1.2　Ni（211）表面 …………………………………………… 36

3.2　表面物种的吸附 ……………………………………………… 37

  3.2.1　H_2 解离吸附 …………………………………………… 37

  3.2.2　Ni（111）表面各物种的稳定吸附构型 ………………… 38

  3.2.3　Ni（211）表面各物种的稳定吸附构型 ………………… 40

3.3　Ni（111）和 Ni（211）表面上 CO 甲烷化机理 …………… 42

  3.3.1　CO 活化 …………………………………………………… 42

  3.3.2　Ni（111）表面 CH_4 生成 ……………………………… 43

  3.3.3　Ni（111）表面 CH_3OH 生成对 CH_4 选择性的影响 … 49

  3.3.4　Ni（211）表面 CH_4 生成 ……………………………… 49

  3.3.5　Ni（211）表面 CH_3OH 生成对 CH_4 选择性的影响 … 56

  3.3.6　Ni（211）表面 CH_4 生成的 Microkinetic modeling

　　　　分析 ………………………………………………………… 56

  3.3.7　阶梯 Ni（211）表面对 CH_4 生成活性和选择性的影响 …… 62

3.4　Ni（111）和 Ni（211）表面上 C 形成机理 ………………… 62

  3.4.1　Ni（111）表面上 C—O 和 C—H 键断裂反应 ………… 63

  3.4.2　Ni（111）表面不积炭的原因 …………………………… 64

  3.4.3　Ni（211）表面上 C 生成 ………………………………… 66

  3.4.4　Ni（211）表面上 C 成核和 C 消除 …………………… 67

  3.4.5　Ni（211）表面"Ni 缺陷 B5 活性位" ………………… 68

3.5　表面结构对 CO 甲烷化影响 ·· 69

参考文献 ··· 70

第 **4** 章　La 和 Zr 协同 Ni 催化 CO 甲烷化：助剂的影响　73

4.1　La/Ni 模型及参数 ··· 73

　　4.1.1　La 在 Ni（211）表面的掺杂 ·· 73

　　4.1.2　LaNi（111）表面模型 ·· 75

　　4.1.3　La 助剂对 Ni 表面甲烷化反应的影响 ··························· 75

4.2　LaNi（111）表面物种的吸附 ·· 77

　　4.2.1　H_2 解离吸附 ··· 77

　　4.2.2　LaNi（111）表面各物种的稳定吸附构型 ························ 77

　　4.2.3　La 助剂对表面各物种稳定吸附构型的影响 ·················· 79

4.3　LaNi（111）表面上 CO 甲烷化机理 ·· 80

　　4.3.1　CO 活化 ··· 80

　　4.3.2　助剂 La 提高 Ni（111）表面 CH_4 生成的活性 ············· 81

　　4.3.3　助剂 La 提高 Ni（111）表面 CH_4 生成的选择性 ·········· 86

4.4　LaNi（111）表面上 C 形成机理 ·· 87

　　4.4.1　表面 C 形成 ·· 87

　　4.4.2　表面 C 消除和 C 沉积 ·· 88

　　4.4.3　LaNi（111）表面积炭的原因 ·· 88

　　4.4.4　助剂 La 的角色 ·· 90

4.5　Zr/Ni 模型及参数 ··· 92

　　4.5.1　ZrNi（211）表面形成能 ··· 92

　　4.5.2　ZrNi（211）表面模型 ·· 93

　　4.5.3　ZrNi（211）表面特性 ·· 93

4.6　ZrNi（211）表面物种的吸附 ·· 94

　　4.6.1　H_2 解离吸附 ··· 94

　　4.6.2　以 C—Ni 键吸附的物种 ··· 95

　　4.6.3　以 C—Ni 和（或）O—Zr 键吸附的物种 ························· 97

　　4.6.4　CH_3OH 的吸附 ··· 98

　　4.6.5　Zr 掺杂对各吸附物种吸附能 BEP 相关的影响 ·············· 99

4.7　ZrNi（211）表面上 CO 甲烷化机理 ·· 101

　　4.7.1　CO 活化 ··· 101

4.7.2　ZrNi（211）表面 CH$_4$ 生成 ┄┄┄┄┄┄┄┄┄┄┄┄┄┄ 101

4.7.3　助剂 Zr 对 CH$_4$ 生成活性的影响 ┄┄┄┄┄┄┄ 105

4.7.4　助剂 Zr 对 CH$_4$ 生成选择性的影响 ┄┄┄┄┄ 106

4.7.5　助剂 Zr 与 Ni 的协同机理 ┄┄┄┄┄┄┄┄┄ 107

4.7.6　助剂 Zr 的角色 ┄┄┄┄┄┄┄┄┄┄┄┄┄ 111

4.8　ZrNi（211）表面上 C 形成机理 ┄┄┄┄┄┄┄┄┄┄┄ 112

4.8.1　表面 C 形成 ┄┄┄┄┄┄┄┄┄┄┄┄┄┄┄ 112

4.8.2　表面 C 成核和 C 消除 ┄┄┄┄┄┄┄┄┄┄ 113

4.9　助剂对 CO 甲烷化的影响 ┄┄┄┄┄┄┄┄┄┄┄┄┄ 113

参考文献 ┄┄┄┄┄┄┄┄┄┄┄┄┄┄┄┄┄┄┄┄┄┄ 115

第 5 章　Ni$_4$-ZrO$_2$（111）、Ni$_{13}$-ZrO$_2$（111）和 ZrNi$_3$-Al$_2$O$_3$（110）表面 CO 甲烷化：Zr 存在形式的影响　118

5.1　计算模型及参数 ┄┄┄┄┄┄┄┄┄┄┄┄┄┄┄┄┄┄ 118

5.1.1　Ni$_4$-ZrO$_2$（111）和 Ni$_{13}$-ZrO$_2$（111）表面模型 ┄┄┄ 118

5.1.2　Ni$_4$-ZrO$_2$（111）和 Ni$_{13}$-ZrO$_2$（111）表面特性 ┄┄┄ 121

5.2　Ni$_4$-ZrO$_2$（111）和 Ni$_{13}$-ZrO$_2$（111）表面物种的吸附 ┄┄ 122

5.2.1　H$_2$ 解离吸附 ┄┄┄┄┄┄┄┄┄┄┄┄┄┄┄ 122

5.2.2　以 C—Ni、O—Ni 和 O—Zr 键吸附的物种 ┄┄┄ 123

5.3　Ni$_4$-ZrO$_2$（111）和 Ni$_{13}$-ZrO$_2$（111）表面上 CO 甲烷化机理 ┄┄ 125

5.3.1　CO 活化 ┄┄┄┄┄┄┄┄┄┄┄┄┄┄┄┄┄ 125

5.3.2　Ni$_4$-ZrO$_2$（111）和 Ni$_{13}$-ZrO$_2$（111）表面 CH$_4$ 生成 ┄┄ 125

5.3.3　Ni 微粒尺寸对 CH$_4$ 生成活性和选择性的影响 ┄┄ 132

5.3.4　Zr 存在形式对 CH$_4$ 生成活性和选择性的影响 ┄┄ 132

5.3.5　不同形貌的 Ni 催化剂对 CH$_4$ 生成活性和选择性的
影响 ┄┄┄┄┄┄┄┄┄┄┄┄┄┄┄┄┄┄┄ 133

5.3.6　助剂 La 和 Zr 对 CH$_4$ 生成活性和选择性的影响 ┄┄┄ 134

5.4　助剂 Zr 协同 Ni$_4$ 簇催化 CH$_4$ 生成 ┄┄┄┄┄┄┄┄┄ 136

5.4.1　ZrNi$_3$-Al$_2$O$_3$（110）表面模型的构建 ┄┄┄┄┄┄ 136

5.4.2　H$_2$ 解离吸附 ┄┄┄┄┄┄┄┄┄┄┄┄┄┄┄ 138

5.4.3　各物种的吸附 ┄┄┄┄┄┄┄┄┄┄┄┄┄┄┄ 139

5.4.4　CO 活化 ┄┄┄┄┄┄┄┄┄┄┄┄┄┄┄┄┄ 140

5.4.5　ZrNi$_3$-Al$_2$O$_3$（110）表面上 CH$_4$ 生成 ·················· 141

5.4.6　助剂 Zr 对 ZrNi$_3$-Al$_2$O$_3$（110）表面 CH$_4$ 形成活性和选择

性的影响 ·· 144

5.4.7　助剂 Zr 的存在形式和作用方式 ·················· 144

5.5　Zr 存在形式对 CO 甲烷化影响 ·························· 146

参考文献 ··· 148

第6章　MoS$_2$（100）和 S-Ni/MoS$_2$（100）表面 CO 甲烷化：Ni 掺杂和 S 吸附的影响　　151

6.1　计算模型及参数 ···································· 151

6.1.1　构建 MoS$_2$（100）表面模型 ···················· 151

6.1.2　构建 S-Ni/MoS$_2$（100）表面模型 ·················· 154

6.1.3　Ni/MoS$_2$（100）和 S-Ni/MoS$_2$（100）表面特性 ·········· 157

6.2　MoS$_2$（100）和 S-Ni/MoS$_2$（100）表面物种的吸附 ·········· 158

6.2.1　H$_2$ 解离吸附 ······························ 158

6.2.2　各物种的吸附构型和吸附能 ···················· 158

6.2.3　Ni 掺杂和 S 吸附对各物种吸附的影响 ·············· 160

6.3　MoS$_2$（100）和 S-Ni/MoS$_2$（100）表面上 CO 甲烷化机理 ······ 162

6.3.1　CO 活化 ······························· 162

6.3.2　MoS$_2$（100）和 S-Ni/MoS$_2$（100）表面 CH$_4$ 生成 ········· 162

6.3.3　洁净的 MoS$_2$（100）表面上低配位的 Mo 对 CH$_4$

和 H$_2$O 生成活性的影响 ······················ 169

6.3.4　Ni 掺杂和 S 吸附对 CH$_4$ 生成活性的影响 ·············· 169

6.3.5　洁净的 MoS$_2$（100）面上低配位的 Mo 对 CH$_4$

生成选择性的影响 ·························· 170

6.3.6　Ni 掺杂和 S 吸附对 CH$_4$ 生成选择性的影响 ············ 173

6.3.7　Ni 掺杂和 S 吸附对甲烷化与硫化的影响 ············· 173

6.4　MoS$_2$（100）和 S-Ni/MoS$_2$（100）表面上 C 形成机理 ········· 175

6.4.1　表面 C 形成 ···························· 175

6.4.2　C 成核和 C 消除 ························· 177

6.5　Ni 掺杂和 S 吸附对 CO 甲烷化影响 ···················· 177

参考文献 ··· 181

第 7 章 Ni 基催化剂催化 CO 甲烷化性能及趋势分析　　183

- 7.1　Ni 基催化 CO 甲烷化性能 ······················· 183
- 7.2　本书主要创新点 ······························· 188
- 7.3　不足与建议 ································· 190
- 7.4　合成气甲烷化趋势分析 ······················· 191
  - 7.4.1　其他活性金属催化剂的开发 ··············· 191
  - 7.4.2　载体调变 ························· 193
  - 7.4.3　助剂调变 ························· 193
  - 7.4.4　耐硫 Mo 基催化剂调变 ·············· 195
  - 7.4.5　工艺优化 ························· 196

参考文献 ································· 197

绪论

1.1 合成气甲烷化研究现状

1.1.1 CO甲烷化反应和Ni催化剂

　　煤制天然气是煤化工的重要研究内容，是煤炭资源清洁、低碳、安全、高效开发和利用的重要途径；相比煤制液体燃料和煤制二甲醚，煤制天然气具有工艺简单、能效高、水消耗低的优点[1]。合成气甲烷化是煤制天然气的关键技术，CO甲烷化反应是合成气甲烷化的核心过程，相关反应热力学数据如表1-1所列。

表 1-1　合成气甲烷化相关反应热力学数据[2~4]

反应	ΔH_{298K}	ΔG_{298K}	类型
	kJ/mol		
$CO+3H_2 \longrightarrow CH_4+H_2O$	−206.28	−141.80	CO甲烷化
$CO_2+4H_2 \longrightarrow CH_4+2H_2O$	−164.94	−113.20	CO_2甲烷化
$2CO+2H_2 \longrightarrow CH_4+CO_2$	−247.30	−170.40	CH_4-CO_2重整逆反应
$C+2H_2 \longrightarrow CH_4$	−74.80	−50.70	CH_4裂解逆反应
$CO+H_2O \longrightarrow CO_2+H_2$	−41.16	−28.60	水气变换
$2CO \longrightarrow C+CO_2$	−172.54	−119.70	CO歧化
$CO+H_2 \longrightarrow C+H_2O$	−131.30	−91.10	CO还原
$CO_2+2H_2 \longrightarrow C+2H_2O$	−90.10	−62.50	CO_2还原

　　由表1-1可知，甲烷化是体积缩小的强放热反应，低温高压有利于CO甲烷化的进行。从热力学角度来看，CO甲烷化相关反应都是有利的。Ni是CO甲烷化催化剂的主要活性组分[5]，Ni催化剂在350~400℃时对CO甲烷化反应具有较高的CO转化率和CH_4选择

性[6,7]，由于反应是强放热，实际温度达到 $580\sim680℃$。而高温导致的 Ni 催化剂积炭结焦是目前 Ni 催化剂失活的主要原因，另外，合成气中微量 H_2S 的存在也能导致 Ni 催化剂的失活。分析 Ni 表面 C 形成机理和 S 中毒机理，为发展耐硫抗积炭的低温 Ni 催化剂提供理论依据。

1.1.2 Ni 催化剂的烧结和积炭

Ni 催化剂结焦积炭的主要表现是 Ni 纳米微粒的长大，即长时间高温催化引起的负载 Ni 团聚和积炭覆盖。由于活性金属较高的表面能，纳米微粒会在载体上迁移团聚形成较大的微粒，影响纳米微粒长大的因素包括尺寸、成分和金属载体间相互作用[8]。积炭和 Ni 烧结减小了 Ni 表面，降低了 H_2 的吸附容量；同时，较小的表面积和较低的 Ni 分散度对高温反应的传质也是不利的，这将引起严重的 Ni 烧结和进一步的积炭。图 1-1 是烧结和积炭导致 Ni 催化剂的高温失活示意。

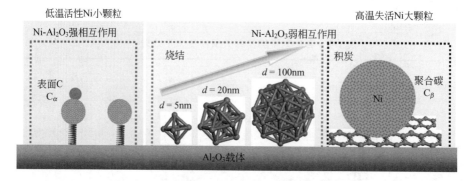

图 1-1　烧结和积炭导致 Ni 催化剂的高温失活示意

积炭是 Ni 中毒失活最突出的表现[9]，容易发生在 Ni 微粒阶梯面[10]。在 CO 甲烷化过程中，负载于 Al_2O_3 表面上、尺寸适中的 Ni 微粒稳定性好，活性高、抑制积炭能力强[10]。表面 C 的形成来源于 C—O 和 C—H 键断裂反应，即 CO 和 COH_x 的直接解离[3]，CO 歧化[1]以及 CH 的解离反应。积炭分为 C_α（$200\sim400℃$）和 C_β（$250\sim500℃$）[11]，其中，C_α 是甲烷化反应中生成的 C 原子，吸附于 Ni 表面，即表面 C，可氢化为产品 CH_4，亦可氧化去除 $C+O \longrightarrow CO$；C_β 是无定型活性炭，由 C_α 聚合形成，即 $C_n (n \geqslant 2)$，可致催化剂失活，需在 670℃高温下氧化去除[12]。然而，高温会生成金属碳化物 C_γ（> 650℃），即 Ni_3C，导致 Ni 永久性失活。

1.1.3 Ni 催化剂的 S 中毒

以含微量 H_2S 的合成气为原料，Ni/Al_2O_3 为催化剂，研究并对比其甲烷化路径和失活机理。CO 甲烷化涉及 CO 在 Ni 阶梯和边缘活性位的吸附、解离和氢化，CO 在 Ni 活性位的解离是甲烷化反应的决速步骤[13]。图 1-2 表明，S 和 CO 竞争阶梯 Ni 表面活性位，S 在阶梯位的强吸附，优先占用了 CO 的吸附位，导致 Ni 失去对 CO 的吸附、解离和氢化能力，即 S 中毒[14,15]。S 中毒不影响 Ni 催化 CO 甲烷化的总能垒，表明 S 中毒仅是结构影响，而非电子影响[11]。Ru/Ni 双金属能稳定含 H_2S 的甲烷化反应，减少 S 在 Ni 表面的吸附，这是因为 Ru 和 Ni 对 S 的同时键合，弱化 S 在 Ni 表面上的吸附[14]，减弱吸附 S 对 Ni 活性位的堵塞。

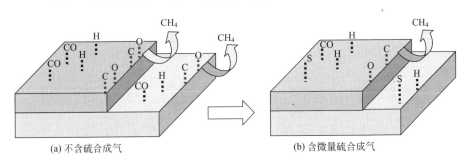

(a) 不含硫合成气   (b) 含微量硫合成气

图 1-2　CO 氢化反应[15]

综上，积炭和 S 中毒是合成气甲烷化过程 Ni 催化剂失活的重要因素。因此，增加 Ni 基催化剂的稳定性，消除积炭和抑制 S 中毒是避免 Ni 催化剂失活确保该过程得以进行的关键。

1.2 Ni 催化剂积炭消除和 S 中毒抑制

CO 甲烷化是强放热且体积缩小的反应，低温高压有利于反应进行。但是，高压亦有利于 C 生成反应，即 $CO + H_2 \longrightarrow C + H_2O$；

2.5MPa 高压下的 C 生成、C 消除和 C 氢化速率都高于低压 0.1MPa 下的速率[16]，因此，设计和改性低温 Ni 基催化剂是增强其抗烧结、抗积炭和抗 S 中毒能力的重要措施。

1.2.1 积炭消除

结合实验和理论模型，高 H_2/CO 比能促进反应 $CO+3H_2 \longrightarrow CH_4+H_2O$[17]，随着 H_2/CO 的增加，CO 转化率和 CH_4 选择性成比例增长[18]，且高 H_2/CO 比能降低 C 形成的速率，减轻积炭[2,19,20]。因此，为了最大化 CH_4 产率和抑制积炭，提高 H_2/CO 比是必要的。此外，还需增大 Ni 微粒的分散度，提高传质传热效率，有效移除 CO 甲烷化生产过程的反应热[21]，避免"飞温"现象的出现，抑制 Ni 微粒烧结和积炭[22]，增加催化剂稳定性。图 1-3 是 C_α 氢化和 C_β 氧化去除示意。

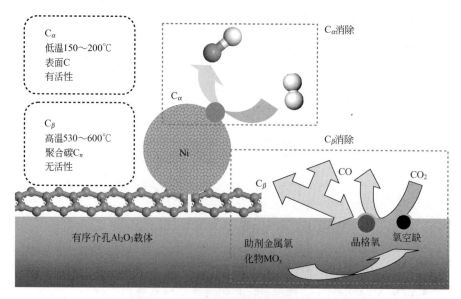

图 1-3 C_α 氢化和 C_β 氧化去除示意

一方面，高 H_2/CO 比保证足够的 H 源，促进 C_α 氢化；另一方面，助剂 V[23,24]、Zr[25~29] 和 Ce[30,31] 具有强的氧化还原能力使得 Ni 表面上具有丰富的氧空位，活化合成气中 CO_2 促进其解离产生表面 O 原子，氧化去除 C_β。Ni 晶粒尺寸是评价催化剂稳定性的重要参数，Ni 晶粒直径小于临界值 2nm 时，能够起到完全抗积炭的效果；

较小的 Ni 晶粒有更多的表面缺陷位，能够吸附更多的表面氢，促进 CH_x 氢化反应的活性。

助剂 ZrO_2 能提高 Ni 在 Al_2O_3 的分散度，在 280℃、1.0MPa、$H_2/CO＝3$ 和 $3000mL/(g \cdot h)$ 下，掺杂 20% ZrO_2 的 Ni/Al_2O_3 具有最高的 CO 转化率和 CH_4 选择性，以及良好的抗积炭和抗烧结特性[32]。合成气中存在一定量 CO_2，CO_2 是弱的电子给予体，接受电子能力强，Ni/Zr 表面大量氧空位存在[31]，能活化 CO_2，产生活性氧物种，进而消除积炭[33,34]。

1.2.2 S 中毒抑制

Ni 基甲烷化催化剂虽具有较高的 CO 转化率和 CH_4 选择性，但对硫十分敏感，原料气中少量硫的存在也会使催化剂累积中毒失去活性；此外，Ni 基催化剂水汽变换性能较差，对原料气中 H_2 与 CO 配比要求高，需要预先通过水煤气变换反应对原料气的 H_2 与 CO 配比进行调变，且该催化剂表面容易积炭，造成催化剂稳定性较差[35]。

钼基催化剂以其优异的抗硫性能，被认为是颇有前景的新型催化材料。实验发现，耐硫 $MoO_3/\gamma\text{-}Al_2O_3$ 催化剂，对 CO 甲烷化起催化作用的不是 MoO_3 中的 Mo，而是其硫化产物 MoS_2 中的 Mo[36]。MoS_2 属于六方晶系，具有典型的层状结构，MoS_2 层与层之间则靠较弱的范德华力连接。无定型 MoS_2 因具有丰富的 Mo-edge（端）和 S-edge 表现出较高的催化活性，而晶体 MoS_2 因缺少 Mo-和 S-edge，边缘不饱和配位的 Mo^{4+} 催化能力很低，MoS_2 平面上 Mo^{6+} 无催化性[37]。实验发现[38]，沿（100）晶面方向生长所形成的 MoS_2 纳米线；以减小定向生长过程中的高表面能，纳米线自发团聚成结构规整的纳米线团，该结构比表面积大，孔分布均匀且稳定性好。

以 MoS_2 为主活性组分的 Mo 基催化剂对原料气中含硫物质不敏感，且 MoS_2 具有很好的水汽变换性能，但相比 Ni，MoS_2 催化的 CO 甲烷化活性相对较低[39]。如果能够开发出兼具抗 S 中毒性能和 CO 甲烷化高活性的 Ni/MoS_2 基催化剂，就能降低 CO 甲烷化工艺的脱硫要求，甚至取消深度脱硫过程。因此，设计和制备耐硫 Ni/MoS_2 基催化剂对 CO 甲烷化具有实践意义。

Ni 对 MoS_2 边缘 Mo 原子的替换，能改变 MoS_2 边缘的电子结构、电荷分布和 $\Delta(E_{LUMO}\text{-}E_{HOMO})$ 带隙，从而提高其催化性能[40]。对 MoS_2 的 Mo 边缘和 NiMoS 活性位上的加氢脱氧过程研究表明[41]，丙酸、丙醛及丙醇等含氧物种仅以 O 原子与 MoS_2 边缘的 Mo 原子相连，而在 NiMoS 活性位上，这些含氧物种的 C 和 O 原子分别与 Ni 和 Mo 原子相连。NiMoS 活性位上的加氢脱氧机理表明，这种以 C—Ni 和 O—Mo 键相互作用的吸附形式不仅能降低 C═O 的氢化能垒，而且 SH 对 OH 的亲核取代以及噻吩的形成也能降低 C—O 断键的能垒，从而促进丙烷的形成。K 在 MoS_2(100) 表面 Mo 边缘的吸附形成能形成 KMoS 活性位而促进 CO 氢化反应的发生[42]。利用碱改性的耐硫 MoS_2 催化合成气可制低碳混合醇[43]。Ni 和 Co 在 MoS_2 边缘的掺杂，能增加 MoS_2 活性而促进 4,6-二甲基二苯并噻吩的加氢脱硫过程[44]。

基于对 Ni 催化剂抗积炭和抗 S 中毒措施的认识，实验和理论研究致力于确保 CO 甲烷化高活性和高选择性的前提下，增加 Ni 催化剂的抗烧结、抗积炭和抗 S 中毒能力。目前，设计和制备结构改进、助剂及载体改性的多组分 Ni 催化剂是解决该问题的途径。

1.3 Ni 基催化剂的改性

1.3.1 结构改性

先前研究表明，金属催化剂的催化性能对表面结构十分敏感。Che 等[45]通过理论计算探究了 Ni(111) 和 Ni(211) 表面对 CH_3 解离的催化活性，结果表明 Ni(211) 表面更有利于 CH_3 的顺序解离。Cao 等[46]研究了 Ni(111) 和 Ni(211) 表面上 CO_2 解离反应，结果表明 CO_2 解离活化能随表面 Ni 原子配位数的减小明显降低；与平台 Ni(111) 面相比，阶梯 Ni(211) 面 d 带中心上移，活性增强。Catapan 等[47]分别在 Ni(111) 和 Ni(211) 表面上研究了水蒸气变换反应，结果表明在阶梯 Ni(211) 面更有利于甲酸盐生成；Kapur 等[48]研究了 Rh(111) 和 Rh(211) 表面合成气合成 C_1 和 C_2 氧化物，结果表明在低配位的 Rh(211) 表面上氧化物形成能量更低，即 Rh(211) 表面更有利于 C_1 和 C_2 氧化物的生成；Fajín 等[49]通过密度泛函理论计算研究了 Ru 或 Rh 掺杂的 Ni 表面上 CO 甲烷化反应，结果表明 Ni(211) 阶梯位低配位 Ni 原子比平台 Ni(111) 面 Ni 原子具有更高的活性，且 RuNi(211) 和 RhNi(211) 面上产品 CH_4 的形成优先于副产物 CH_3OH。

综上，催化剂的催化性能与催化剂表面结构密切相关，尤其与表面缺陷密不可分，表面缺陷能够影响反应路径、催化活性与选择性。事实上，阶梯位是金属催化剂缺陷最普遍的存在形式，在催化反应中起重要作用。

1.3.2 助剂改性

CO 甲烷化的活性与催化剂表面活性位金属 Ni 浓度呈正比，贵金属助剂 Rh[50] 和 Ce[30,31,51] 的添加可以影响 Ni 物种的结构、分散度、还原度以及 CO 甲烷化的反应速率和产物分布。适量 Ce 可以隔离表面 Ni 活性位，减弱 Ni 与载体间相互作用，增强 Ni 的还原性，提高 CH_4 生成的活性和选择性，同时抑制积炭[34]。为了避免高温下表面 C 的大量生成，Ni 基催化剂须尽可能在低温下反应以避免因积炭而引起的催化剂中毒失活；但低温会导致反应速率下降和时空产率降低。由于贵金属氧化物在较低的温度就能够被氢气还原成金属态，还原态的贵金属把活化的氢溢流到氧化态镍物种的表面，增加 H_2 的吸附容量，使产生的 CH_x 快速氢化，促进了甲烷化的进行[52]。利用助剂对活性金属 Ni 的协同效应提高金属 Ni 的分散度和还原度，增强其催化 CO 甲烷化的能力。

研究发现，助剂 Mg[22]、Zr[53~56]、Fe[57,58,33]、V[23,59,60]、Mo[24]、Rh[61]、Cr[62]、Mn[63] 的掺杂可减弱金属 Ni 与载体间相互作用，使发生在金属载体界面的 C 形成反应受到抑制，从而提高催化剂的稳定性。以有序介孔 Al_2O_3 骨架为载体，以 V、Zr、Ce、La 和 Cr 为助剂，设计和制备改性的 Ni 催化剂，是目前 CO 甲烷化生产代用天然气实验研究的有效措施。

图 1-4 是助剂 V 协同 Ni 催化剂上 C 消除示意图[59]。

Al_2O_3 骨架有序介孔的"限域效应"和较多氧空位的存在，使 Ni 具有超好的抗积炭和抗烧结特性。V_2O_3 和 V_2O_5 添加 Ni/Al_2O_3 得到的 Ni-V-Al 有序介孔催化剂，Ni 微粒被嵌入有序介孔 Al_2O_3 骨

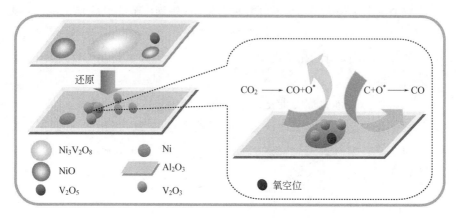

图 1-4　Ni-V-Al 有序介孔催化剂的形成过程和积炭消除示意[64]

架上，长程有序介孔将 Ni 微粒高分散地锚定在其骨架上，有序介孔的"限域效应"增强了 Ni 与载体间的相互作用，稳定 Ni 纳米微粒，使得晶须状石墨碳难以将 Ni 微粒从骨架上支撑起，抑制了晶须状石墨碳的生长，增强了 Ni 微粒的抗烧结和抗积炭能力[23,24]。V 不仅限制 Ni 微粒的长大，还向 Ni 传递电子。添加的 VO_x 增加 Ni 的电子云密度，在 Ni—C—O 复合物中，增强 Ni—C 键，弱化 C—O 键，促进 C—O 断键[23]；助剂 Mo 改性的 Ni/Mo 合金具有与 Ni/V 相似的甲烷化活性[24]。

图 1-5 是助剂 Zr 协同 Ni 催化 C 消除反应示意[64]。

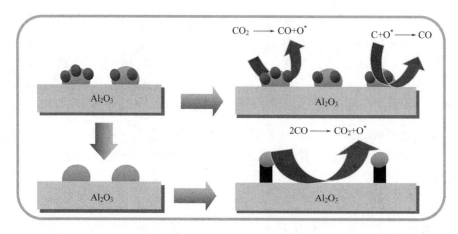

图 1-5　Ni-Zr-Al 催化剂积炭消除以及 Ni-Al 催化剂积炭过程示意[64]

Zr 散置在 Ni 微粒之间，不仅作为物理屏障限制 Ni 微粒的生长，还增加 Ni 表面活性位[25,26]。在 CO 甲烷化过程中，掺杂的 Zr，能促进含氧物种的解离，并使得含 C 物种容易转化而抑制 C 的形成，从而提高催化剂稳定性；Ni-Zr-Al 均匀的金属分散度和适中的金属载体间相互作用，使得 Ni 微粒不易聚集烧结，而具有较高的催化活性[25~29]。

助剂 Ce 协同 Ni/Al$_2$O$_3$ 催化 CO 甲烷化具有高活性的同时，抑制 Ni 微粒的积炭和烧结[30]。高分散的 Ni 胶团高度稳定地分散于 Al 的孔道中，较大的比表面、较高的 Ni 分散度、较强的 Ni 还原性以及助剂 Ce 较强的释 O 能力，提高 CO 甲烷化催化活性[31]。同时，有序介孔 Al$_2$O$_3$ 能增大 CO 和 H$_2$ 的吸附容量，使得高度分布于框架通道中的 Ni 微粒与反应物分子充分接触，加快 CO 的转化[62]。

添加 La$_2$O$_3$[65~70] 的 Ni 催化剂中，La 协同 Ni 提高 CO 甲烷化活性[71]和 CH$_4$ 选择性，增强抗积炭和抗烧结特性[72]。实验表明，在 500~700℃ 内，助剂 La$_2$O$_3$ 掺杂 Ni/Al$_2$O$_3$ 催化甲烷 CO$_2$ 重整反应，La$_2$O$_3$ 的添加增大 Ni 的分散度和 CO$_2$ 的吸附，从而提高催化剂的活性和稳定性[68]。在甲烷 CO$_2$ 重整反应中，定量研究 La$_2$O$_3$ 含量对 Ni 活性位数量的影响，结果表明，Ni 微粒尺寸随着 La$_2$O$_3$ 含量的增加而减小，4％La$_2$O$_3$-Ni 具有适中的 Ni 微粒尺寸、最多的 Ni-H 物种、最高的重整活性和最低的活化能[69]。在 Ni-La/Al$_2$O$_3$ 催化甲烷 CO$_2$ 重整反应中，助剂 La$_2$O$_3$ 提高 Ni 微粒的分散度，抑制催化剂烧结，增加 O 和 CO$_2$ 的吸附，促进 C 消除速率，究其原因，是 La$_2$O$_3$ 与 Ni 的强相互作用所致[70]。在 Ru/TiO$_2$ 中添加 Ni 和 La 能提高 CO 甲烷化的活性；La 的添加，增加 Ru 的电子云密度，促进 Ru 向 CO 的电荷转移，使得 CO 解离容易；三金属 Ru-Ni-La/TiO$_2$ 具有最高的 CO 甲烷化活性[71]。经 La$_2$O$_3$ 改性、高分散于 ZrO$_2$ 中的 Ni 微粒具有较高的 CO 转化率和 CH$_4$ 选择性。La$_2$O$_3$ 的添加，增强 Ni 与 ZrO$_2$ 间的相互作用，增大 Ni 的微粒的分散度，促进 Ni 与 La$_2$O$_3$ 间的协同作用，提高抗积炭和抗烧结特性[72]。

1.3.3 载体改性

CO 甲烷化 Ni 基催化剂常用载体有 Al$_2$O$_3$[10]和 ZrO$_2$[28,73]等。CO 甲烷化过程中，Al$_2$O$_3$ 的大孔道、高比表面积对活性组分 Ni 微粒具有较好的分散作用，但同时反应中生成的表面 C 也容易在其孔道沉积而形成积炭；另外，孔道丰富的 Al_2O_3 易在高温下烧结而导致 Ni 微粒的聚集。改性载体 Al_2O_3 以增加其稳定性，从而提高 Ni 微粒的分散度，暴露更多的低配位 Ni 原子，促进 CO 和 H_2 的吸附及解离。

实验研究发现，Al_2O_3-ZrO_2 的复合双孔结构以及 ZrO_2 或 Al_2O_3 的化学效应促进了 CO 甲烷化活性和选择性的提高。双峰孔氧化物载体具有大孔和小孔结构，小孔径可提供大的比表面积，有利于金属 Ni 的分散，促进 CO、H_2 以及中间体吸附，但小孔容易引起内扩散限制，导致孔堵塞和催化剂失活。大孔提供反应物分子快速扩散和产物 CH_4 的生成和脱附迁移通道。ZrO_2 在 γ-Al_2O_3 表面的高分散度，抑制了 $NiAlO_2$ 的形成，提高 Ni 微粒的分散度，使得 NiO 较易还原，导致催化活性提高。

ZrO_2 以其优异的表面酸碱性、强的氧化还原性以及高的热稳定性等优点被应用于合成气制甲烷反应中[7,75]。ZrO_2 表面低配位 Zr^{4+}、O^{2-} 和 Zr^{4+}—O^{2-} 中心的存在，使其兼具酸性、碱性、氧化和还原性。ZrO_2 载体对 CO 甲烷化、CO 氢化[76] 和 CO_2 甲烷化具有较高的催化活性，通过增大 Ni 微粒的分散度、抑制 Ni 微粒的烧结[64]，从而提高 Ni 催化剂的稳定性。负载型 Ni/ZrO_2 催化剂具有非常优异的催化剂性能。Ni-ZrO_2 能有效地移除 H_2 中 CO，CO 浓度由 0.5%（体积分数）降低到 20×10^{-6}[74]。没有贵金属的情况下，5%Ni-ZrO_2 介孔骨架负载型催化剂选择性消除 H_2 中 CO，在 240℃下，CO 甲烷化选择性达 100%，使 CO 含量由 5000×10^{-6} 降低到 10×10^{-6}[28]，为燃料电池的生产提供高纯度的 H_2。

ZrO_2 晶体主要以四方 t-ZrO_2、单斜 m-ZrO_2 和立方 c-ZrO_2 晶型存在，不同晶型 ZrO_2 对特定反应的催化性能表现出显著差异（晶相效应）[77]。由于 CO 甲烷化反应主要发生在 $300\sim500$℃下，以该温度范围内热力学性能较稳定的 c-ZrO_2 为 Ni 催化剂的载体，c-ZrO_2 用于催化 CO_2 合成 CH_3OH[78]。ZrO_2 使得负载其上的 Ni 活性组分晶粒减小、分散度提高、活性位增加进而催化能力增强[53~56]。少量分散的 Zr 助剂提高 Ni 在 γ-Al_2O_3 的分散度，减小活性组分 Ni 晶粒。助剂 Zr 的掺杂对于调变催化剂结构、优化 Ni 基催化剂甲烷化性能具有重要作用，助剂添加也成为降低积炭、缓减烧结以及增加 Ni 催化剂稳定性的有效途径[11]。然而，Zr 助剂掺杂在催化剂结构调变中的微观作用以及调变后催化剂结构的微观特征尚不明确。

另外，$CaTiO_3$[79]、$BaO \cdot 6Al_2O_3$[80] 和介孔骨架分子筛 ZSM5[81] 因其较少的孔道和非酸性的表面特性具有较高的抑 C 能力。对于强放热的 CO 甲烷化反应，稳定性和热传导性能优良的 SiC 载体能阻止 Ni 烧结[82]，Al_2O_3 微粒均匀沉积于 SiC 载体表面上，阻止 Ni 活性组分的烧结和流失，提高 Ni 微粒的分散度[83]，暴露较多低配位的 Ni 活性位，加速表面 H_2 的解离，促进表面 C 的移除[52]。TiO_2 掺杂的 Ni/Al_2O_3 催化剂中，Ti 能有效抑制 $NiAl_2O_4$ 晶相形成，提高 Ni 的利用率；同时，Ti 向 Ni 转移电子，增大 Ni 的电子云密度，使得 CO 在 Ni 表面的解离容易[84]。

综上，通过第二金属助剂或载体掺杂调变 Ni 催化剂结构得到的改性 Ni 基催化剂，对于反应中的反应物种产生了新的活性中心，并对催化反应显示出优于单金属 Ni 催化剂的催化活性、选择性和稳定性，表明第二金属助剂或载体掺杂能够作为调变催化剂结构的重要方式，实现对催化剂催化性能的有效调控。

1.4 本书内容构思

针对目前 CO 甲烷化反应中 Ni 基催化剂所存在的积炭烧结和 S 中毒问题，本书研究目的确定为添加助剂和调变载体来调控 Ni 基催化剂性能和优化甲烷合成路径，提高 CO 甲烷化活性和 CH_4 生成的选择性，减少或消除 Ni 表面上 C 生成和 S 吸附，为缓解 Ni 催化剂中毒失活提供合理可行的解决办法和理论依据。

本书总体研究思路如图 1-6 所示。

在不同尺寸、不同晶面及不同助剂 M（M = La、Zr）和载体 ZrO_2、Al_2O_3 和 MoS_2 改性的 Ni 催化剂上，研究 CO、H_2、反应中间体及产物的吸附；基于各反应物种的吸附能和吸附构型，寻找不同形貌和不同组分 Ni 催化剂上的"缺陷 Ni 活性位"和"改性 Ni-M 活

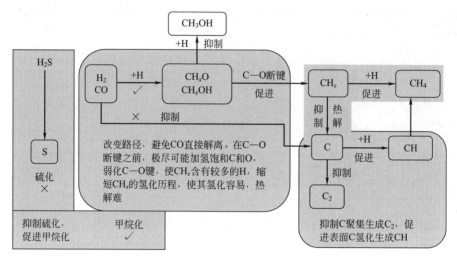

图 1-6　Ni 催化剂评价指标示意图

性位"，分析活性位微观环境与各吸附物种的微观作用。在两类 Ni 活性位上，以寻找 CH₄ 形成最优路径为主线，研究 CO 甲烷化的反应机理，准确描述基元反应的中间体和过渡态，获得 CH₄、CH₃OH 和表面 C 形成的可能路径及相应的总能垒。

具体研究思路如下所述。

① 同一催化剂模型上，比较"副产物 CH₃OH"与"产品 CH₄"生成的总能垒，评价催化剂对 CH₄ 产品的选择性。针对 CH₃OH 与 CH₄ 生成的关键中间体 CH$_x$O 或 CH$_x$OH，掺杂助剂 La、Zr，促进其 C—O 断键生成 CH$_x$，进而氢化为 CH₄；同时，抑制其氢化反应，减少 CH₃OH 生成，提高 CH₄ 的选择性。

② 同一催化剂模型上，比较"CH₄ 形成最优路径中 CH$_x$ 热解"与"CO、COH 及 CO 歧化的 C—O 键解离"导致表面 C 形成的总能垒，寻找表面 C 的来源；比较表面 C"氢化"与"成核"的活化能，分析催化剂上表面 C"消除"与"沉积"的倾向，以此评价催化剂的稳定性；并研究助剂 La、Zr 掺杂的 Ni 催化剂上表面 C 的形成机理，判断助剂 La、Zr 改性对 Ni 催化剂稳定性的影响。

③ 比较不同形貌、不同组分 Ni 催化剂上产品 CH₄ 生成的总能垒，评价不同形貌和不同组分 Ni 催化剂上的 CO 甲烷化活性，阐明不同形貌的"缺陷 Ni 活性位"和不同组分的"改性 Ni-M 活性位"

对 CH_4 生成的活性、选择性以及 Ni 催化剂稳定性的影响,为催化剂尺寸控制、晶面暴露、助剂改性提供准确的信息。

④ 在 Ni/MoS_2 催化剂上,比较"合成气甲烷化"与"H_2S 解离所致的催化剂硫化"的总能垒,评价耐硫 Ni/MoS_2 催化剂的甲烷化性能。

1.5 活性金属、助剂和载体

在 CO 甲烷化实验中,助剂及载体[39~44,53~56,64~70] La、Zr、ZrO_2、Al_2O_3 和 MoS_2 掺杂的 Ni 催化剂对 CO 甲烷化具有高活性和高选择性。助剂 M(M=La、Zr) 及载体 ZrO_2、Al_2O_3 和 MoS_2 的掺杂,提高 Ni 微粒的分散度,减小 Ni 微粒的粒径,增加 Ni 活性位,增强 Ni 的耐硫、抗积炭和抗烧结能力。然而,助剂 M(M=La、Zr) 及载体 ZrO_2、Al_2O_3 和 MoS_2 协同 Ni 催化合成气制甲烷的微观机理尚不明确,Ni-M(M=La、Zr、Mo) 活性位结构与催化性能的关系认识不够深入,导致多助剂的选择尚处于定性和经验性的尝试筛选阶段。通过 CO 甲烷化反应机理研究和动力学分析能够实现这一目标。

过渡金属催化剂的活性与其原子外层 d 轨道的电子占有程度相关,d 轨道中有 8~9 个电子的过渡金属最为合适。本书选用 Ni、La、Zr 和 Mo 构建催化剂模型。Ni 的外层电子构型是 $3p^6 4s^2 3d^8$,La 的外层电子构型是 $5p^6 6s^2 5d^1$,Zr 的外层电子构型是 $4p^6 5s^2 4d^2$,Mo 的外层电子构型是 $4p^6 5s^1 4d^5$。构建助剂 M(M=La、Zr) 及载体 ZrO_2、Al_2O_3 和 MoS_2 掺杂的 Ni-M(M=La、Zr、Mo) 活性位模型,研究 CO 甲烷化过程中反应物、中间体和产物分子在催化剂上的稳定吸附构型及吸附体系的基本微观性质,确认催化剂表面的活性位,分析不同 Ni-M(M=La、Zr、Mo) 活性位微观环境对反应物种的吸附和基元反应活化能影响的内在原因,阐明反应物种在催化剂作用下的成键、断键及结构变化对反应机理和催化性能的影响。为实验中高效、适宜地筛选、改性以及有针对性地设计新型催化剂,提供基本的理论线索。

本书采用理论计算方法、以 Ni 催化剂上 CO 甲烷化反应为研究对象，催化反应机理为基础，从分子-电子水平上阐明 CO 甲烷化反应中 Ni 催化剂微观结构与其催化性能之间的内在关系，分析 M（M＝La、Zr、Mo）掺杂的 Ni 催化剂催化 CO 甲烷化活性与稳定性的微观机理，验证 Ni-M 活性位微观环境具有高活性、高选择性以及良好的抗积炭抗烧结能力。

1.5.1 构建不同形貌的 Ni 活性位

Ni 基催化剂在工艺过程中具有稳定和均一的结构，在催化剂使用周期内可以认为结构不发生改变。Ni 基催化剂的这一性质，已被广泛用于各种原子和分子在 Ni 催化剂表面吸附行为以及 CO 甲烷化反应机理的研究中。Ni 暴露表面以低表面能的晶面 Ni(100)、Ni(111)、Ni(110)、Ni(211) 和 Ni(311) 为主[85~88]。表 1-2 和图 1-7 给出了 Ni 晶粒不同晶面的的表面能及占比。

表 1-2　Ni 不同晶面的表面能及占比

Ni 晶面	对称面	表面能	面积	占比
		J/m^2	$Å^2$	%
100	6	2.21	7.80	13.52
111	8	1.87	26.03	45.12
110	12	2.00	22.42	38.86
211	24	2.20	0.34	0.58
311	24	2.28	1.12	1.93

注：$1Å=10^{-10}m$，下同。

Ni(111) 既是金属 Ni 最稳定的密堆积表面，又是低指数表面中所占比例最多的表面。CO 甲烷化对 Ni 催化剂表面结构非常敏感，缺陷处的低配位 Ni 原子对该反应具有高活性，由平台（111）面和台阶（100）面形成的阶梯 Ni(211) 拓扑面是 Ni 催化剂缺陷的普遍存在形式。在 Ni 晶粒表面上，由于不同晶面具有大小不等的表面能，因而表现出高低不同的催化性能[8,13]。

CO 甲烷化发生在分散于载体的活性金属 Ni 纳米微粒表面上，微粒的尺寸和形貌对 Ni 催化剂的反应性和稳定性至关重要；富有边、角、棱及褶皱的 Ni_n 簇表面上，配位不饱和的 Ni 原子处既是 CH_4 形成的活性位，也是表面 C 形成和聚集而致其失活的位置；因此，对

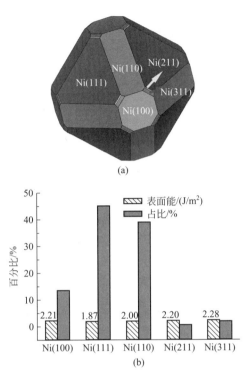

(a)

(b)

图 1-7　Ni-Wulff 模型平衡晶面及各晶面的表面能及其占比

比不同尺度、不同形貌的 Ni 催化剂表面上 CO 甲烷化反应，明确催化剂结构与催化性能及稳定性的关系。

1.5.2　构建 Ni-M（M= La、Zr）活性位

La 和 Zr 既是结构助剂又是电子助剂，限制 Ni 晶粒移动的同时向 Ni 转移电子，增大 Ni 迁移能垒的同时增加 Ni 的电子云密度，既是防止 Ni 晶粒聚集的物理屏障，又是提高 Ni 还原能力的电子供体，兼具"限域效应"和"协同效应"。然而，La-Ni 和 Zr-Ni 活性位的微观结构及其在 CO 甲烷化过程中的微观作用尚不明确。特别是，沉积于 Ni 表面的 C，其形成宏观上取决于活性金属和载体的特性、微粒尺寸以及活性组分的分散度，微观上取决于 Ni 表面结构、Ni 与载体间互相作用及界面作用、助剂的存在形式及作用方式、助剂与 Ni 所形成活性位 Ni-M 的微观环境以及 Ni-M 活性位上的 CO 甲烷化反应机理。

因此，构建助剂 La 以吸附形式改性的 LaNi（111）面、助剂 Zr

以合金形式改性的 ZrNi(211) 面、助剂 Zr 以载体形式改性的 Ni_4-ZrO_2(111) 和 Ni_{13}-ZrO_2(111) 面，以及 Zr 以活性组分形式存在于载体 Al_2O_3 负载的 $ZrNi_3$-Al_2O_3(110) 面。Al_2O_3 载体的"限域效应"使得 Ni 与 Al_2O_3 骨架紧密结合，Ni 晶粒被锚固在 Al_2O_3 有序介孔框架内，空间位阻使得晶须状的石墨碳难以生成，从而起到抑制积炭和烧结提高催化剂稳定性的作用。

1.5.3　构建 Ni-Mo-S 活性位

S 中毒的机理认为，H_2S 分子中具有孤对电子的 S 原子可与具有 d 轨道的 Ni 原子优先配位而形成强的 Ni—S 键，S 在 Ni 活性位的吸附，阻碍了反应物分子 CO、H_2 的吸附和活化，导致 Ni 催化剂活性降低。以 MoS_2 为活性组分的 Mo 基催化剂对原料气中含硫物质不敏感，具有较好的水汽变换性能，可以适应不同 H_2/CO 原料气，且具有很好的抗积炭能力。相比单金属 Mo，Ni/Mo 双金属催化剂 NiO-MoO_3/γ-Al_2O_3 具有较高的活性和选择性，掺杂的 Ni 出现在无定型 MoS_2 的边缘，替代边缘和棱角处的 Mo 空位，形成 Ni-Mo-S 活性位，如图 1-8 所示。

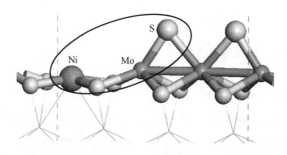

图 1-8　S-Ni/MoS_2(100) 表面 Ni-Mo-S 活性位

Ni/MoS_2 基催化剂是耐硫的 CO 甲烷化的新型催化剂，提高 CH_4 生成的活性和选择性是这一化学过程的核心问题。增加 Ni 基催化剂的稳定性，减少积炭和避免因 S 中毒而引起的催化剂失活是保证这一化学过程得以进行的关键。

1.5.4　CO 甲烷化机理

构建不同尺度、不同形貌的 Ni 微粒表面 Ni(111)、Ni(211)、

Ni$_4$-ZrO$_2$(111) 和 Ni$_{13}$-ZrO$_2$(111)，以及助剂改性的 LaNi(111)、ZrNi(211)、ZrNi$_3$-Al$_2$O$_3$(110) 和 S-Ni/MoS$_2$(100) 表面模型，优化 CO 甲烷化过程中反应物、中间体和产物在各表面上的稳定吸附构型，计算 C—H 和 O—H 成键及 C—O 断键所涉及的相关基元反应，确认 Ni 催化剂表面的活性位；分析催化剂表面结构和成分对反应物吸附和基元反应活化能的影响，从原子-分子水平上研究不同尺度、不同形貌及不同组分 Ni 微粒表面上 CH$_4$ 形成的微观机理。

图 1-9 列出了 Ni 表面上 CO 甲烷化过程所涉及的相关基元反应。

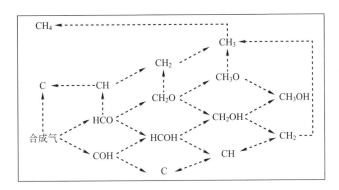

图 1-9　Ni 表面上生成 CH$_4$、CH$_3$OH 和 C 的相关反应

CH$_4$ 形成通过 2 种机理：a. CO 直接解离，CO 的 C—O 键直接断裂生成 C 和 O 后，C 连续加氢生成 CH$_4$；b. CO 的 H 辅助解离，CO 活化生成 HCO 或 COH，HCO 加氢生成 CH$_x$O 或 CH$_x$OH，COH 加氢生成 CH$_x$OH，H 助 C—O 键断裂生成 CH$_x$ 和 O 或 CH$_x$ 和 OH，之后 CH$_x$ 连续加氢生成 CH$_4$，O 或 OH 加氢生成 H$_2$O。

路径

CO→HCO→CH→CH$_2$→CH$_3$→CH$_4$	路径 1
CO→HCO→HCOH→CH→CH$_2$→CH$_3$→CH$_4$	路径 2
CO→HCO→HCOH→CH$_2$OH→CH$_2$→CH$_3$→CH$_4$	路径 3
CO→HCO→CH$_2$O→CH$_2$→CH$_3$→CH$_4$	路径 4
CO→HCO→CH$_2$O→CH$_2$OH→CH$_2$→CH$_3$→CH$_4$	路径 5
CO→HCO→CH$_2$O→CH$_3$O→CH$_3$→CH$_4$	路径 6
CO→COH→HCOH→CH→CH$_2$→CH$_3$→CH$_4$	路径 7
CO→COH→HCOH→CH$_2$OH→CH$_2$→CH$_3$→CH$_4$	路径 8

$$CO \rightarrow COH \rightarrow C \rightarrow CH \rightarrow CH_2 \rightarrow CH_3 \rightarrow CH_4 \qquad 路径 9$$

$$CO \rightarrow C \rightarrow CH \rightarrow CH_2 \rightarrow CH_3 \rightarrow CH_4 \qquad 路径 10$$

起始于 HCO，6 条可能的反应路径 1～路径 6 可以生成 CH_4；起始于 COH，3 条可能的反应路径 7～路径 9 可以生成 CH_4；起始于 CO，仅路径 10 生成 CH_4。

本文将采用密度泛函理论计算方法，以 Ni 催化剂上 CO 甲烷化反应机理为研究对象，以产品 CH_4、副产物 CH_3OH 和引起催化剂中毒失活的表面 C 生成的总能垒为基础数据，鉴别 CH_4 形成的有利路径。

1.5.5 本书框架结构

根据研究内容，本书框架结构如图 1-10 所示。研究不同尺度、不同形貌的 Ni 微粒表面 Ni(111)、Ni(211)、Ni_4-ZrO_2(111) 和 Ni_{13}-ZrO_2(111) 以及助剂改性 LaNi(111)、ZrNi(211)、$ZrNi_3$-Al_2O_3(110) 和 S-Ni/MoS_2(100) 表面上 CH_4 生成的活性和选择性，以及表面 C 生成和 C 沉积导致 Ni 催化剂中毒失活的微观机理，以期在原子-分子水平上阐明催化剂的结构及助剂掺杂与 Ni 基催化剂催化性能和稳定性的关系，为制备性能优良、结构稳定的 Ni 催化剂提供理论指导。

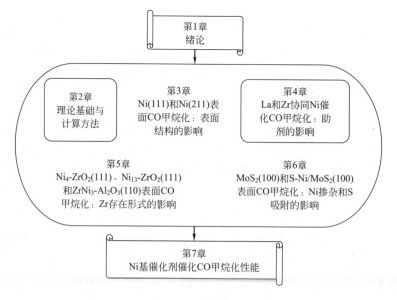

图 1-10 本书框架结构图

参考文献

[1] Liu J，Yu J，Su F B，Xu G W. Intercorrelation of structure and performance of Ni-Mg/Al_2O_3 catalysts prepared with different methods for syngas methanation [J]. Catal. Sci. Technol.，2014，4（2）：472-481.

[2] Gao J J，Wang Y L，Ping Y，Hu D C，Xu G W，Gu F N，Su F B. A thermodynamic analysis of methanation reactions of carbon oxides for the production of synthetic natural gas [J]. RSC Adv.，2012，2（6）：2358-2368.

[3] Kopyscinski J，Schildhauer T J，Biollaz S M. A. Fluidized-bed methanation：interaction between kinetics and mass transfer [J]. Ind. Eng. Chem. Res.，2011，50（5）：2781-2790.

[4] Gao J J，Liu Q，Gu F N，Liu B，Zhong Z Y，Su F B. Recent advances in methanation catalysts for the production of synthetic natural gas [J]. RSC Adv.，2015，5（29）：22759-22776.

[5] Rönsch S，Schneider J，Matthischke S，Schlüter M，Götz M，Lefebvre J，Prabhakaran P，Bajohr S. Review on methanation-From fundamentals to current projects [J]. Fuel，2016，166：276-296.

[6] Zhang J Y，Xin Z，Meng X，Lv Y H，Tao M. Effect of MoO_3 on the heat resistant performances of nickel based MCM-41 methanation catalysts [J]. Fuel，2014，116：25-33.

[7] Wang X Y，Liu Q，Jiang J X，Jin G J，Li H F，Gu F N，Xu G W，Zhong Z Y，Su F B. SiO_2-stabilized Ni/t-ZrO_2 catalysts with ordered mesopores：one-pot synthesis and their superior catalytic performance in CO methanation [J]. Catal. Sci. Technol.，2016，6（10）：3529-3543.

[8] Munnik P，Velthoen M E Z，Jongh P E D，Jong K P D，Gommes C J. Nanoparticle growth in supported nickel catalysts during methanation reaction-larger is better [J]. Angew. Chem. Int. Ed.，2014，53（36）：9493-9497.

[9] Li J，Zhou L，Li P C，Zhu Q S，Gao J J，Gu F N，Su F B. Enhanced fluidized bed methanation over a Ni/Al_2O_3 catalyst for production of synthetic natural gas [J]. Chem. Eng. J.，2013，219（3）：183-189.

[10] Gao J J，Jia C M，Li J，Zhang M J，Gu F N，Xu G W，Zhong Z Y，Su F B. Ni/Al_2O_3 catalysts for CO methanation：effect of Al_2O_3 supports calcined at different temperatures [J]. J. Energy Chem.，2013，22（6）：919-927.

[11] Miao B，Ma S S K，Wang X，Su H，Chan S H. Catalysis mechanisms of CO_2 and CO methanation [J]. Catal. Sci. Technol.，2016，6（12）：4048-4058.

[12] Bartholomew C H. Mechanisms of catalyst deactivation [J]. Appl. Catal. A：Gen.，2001，212（1-2）：17-60.

[13] Engbæk J，Lytken O，Nielsen J H，Chorkendorf I. CO dissociation on Ni：the effect of steps and of nickel carbonyl [J]. Surf. Sci.，2008，602（3）：733-743.

[14] Yuan C K，Yao N，Wang X D，Wang J G，Lv D Y，Li X N. The SiO_2 supported bimetallic

Ni-Ru particles: a good sulfur-tolerant catalyst for methanation reaction [J]. Chem. Eng. J., 2015, 260 (260): 1-10.

[15] Legras B, Ordomsky V V, Dujardin C, Virginie M, Khodakov A Y. Impact and detailed action of sulfur in syngas on methane synthesis on Ni/γ-Al₂O₃ catalyst [J]. ACS Catal., 2014, 4 (8): 2785-2791.

[16] Liu J, Shen W L, Cui D M, Yu J, Su F B, Xu G W. Syngas methanation for substitute natural gas over Ni-Mg/Al₂O₃ catalyst in fixed and fluidized bed reactors [J]. Catal. Commun., 2013, 38 (38): 35-39.

[17] Liu J, Cui D M, Ya C B, Yu J, Su F B, Xu G W. Syngas methanation in fluidized bed for an advanced two-stage process of SNG production [J]. Fuel Process. Technol., 2016, 141 (JAN): 130-137.

[18] Liu J, Cui D M, Yu J, Su F B, Xu G W. Performance characteristics of fluidized bed syngas methanation over Ni-Mg/Al₂O₃ catalyst [J]. Chinese J. Chem. Eng., 2015, 23 (1): 86-92.

[19] Sehested J, Dahl S, Jacobsen J, Rostrup-Nielsen J R. Methanation of CO over nickel: mechanism and kinetics at high H₂/CO ratios [J]. J. Phys. Chem. B, 2005, 109 (6): 2432-2438.

[20] Barrientos J, Lualdi M, Paris R S, Montes V, Boutonnet M, Järås S. CO methanation over TiO₂-supported nickel catalysts: a carbon formation study [J]. Appl. Catal. A: Gen., 2015, 502 (29): 276-286.

[21] Ryi S K, Lee S W, Hwang K R, Park J S. Production of synthetic natural gas by means of a catalytic nickel membrane [J]. Fuel, 2012, 94 (1): 64-69.

[22] Liu Z H, Chu B Z, Zhai X L, Jin Y, Cheng Y. Total methanation of syngas to synthetic natural gas over Ni catalyst in a micro-channel reactor [J]. Fuel, 2012, 95 (1): 599-605.

[23] Lu X P, Gu F N, Liu Q, Gao J J, Liu Y J, Li H F, Jia L H, Xu G W, Zhong Z Y, Su F B. VOₓ promoted Ni catalysts supported on the modified bentonite for CO and CO₂ methanation [J]. Fuel Process. Technol., 2015, 135: 34-46.

[24] Zhang J Y, Xin Z, Meng X, Lv Y H, Tao M. Effect of MoO₃ on structures and properties of Ni-SiO₂ methanation catalysts prepared by the hydrothermal synthesis method [J]. Ind. Eng. Chem. Res., 2013, 52 (41): 14533-14544.

[25] Razzaq R, Zhu H W, Jiang L, Muhammad U, Li C S, Zhang S J. Catalytic methanation of CO and CO₂ in coke oven gas over Ni-Co/ZrO₂-CeO₂ [J]. Ind. Eng. Chem. Res., 2013, 52 (6): 2247-2256.

[26] Zhang J F, Bai Y X, Zhang Q D, Wang X X, Zhang T, Tan Y S, Han Y Z. Low-temperature methanation of syngas in slurry phase over Zr-doped Ni/γ-Al₂O₃ catalysts prepared using different methods [J]. Fuel, 2014, 132: 211-218.

[27] Chen A, Miyao T, Higashiyama K, Yamashita H, Watanabe M. High catalytic performance of ruthenium-doped mesoporous nickel-aluminum oxides for selective CO methanation [J].

Angew. Chem. Int. Ed.，2010，49 (51)：9895-9898.

[28] Chen A，Miyao T，Higashiyama K，Watanabe M. High catalytic performance of mesoporous zirconia supported nickel catalysts for selective CO methanation [J]. Catal. Sci. Technol.，2014，4 (8)：2508-2511.

[29] Perkas N，Amirian G，Zhong Z Y，Teo J，Gofer Y，Gedanken A. Methanation of carbon dioxide on Ni catalysts on mesoporous ZrO_2 doped with rare earth oxides [J]. Catal. Lett.，2009，130 (3-4)：455-462.

[30] Liu Q，Gao J J，Zhang M J，Li H F，Gu F N，Xu G W，Zhong Z Y，Su F B. Highly active and stable Ni/γ-Al_2O_3 catalysts selectively deposited with CeO_2 for CO methanation [J]. RSC Adv.，2014，4 (31)：16094-16103.

[31] Wang N，Shen K，Huang L H，Yu X P，Qian W Z，Chu W. Facile route for synthesizing ordered mesoporous Ni-Ce-Al oxide materials and their catalytic performance for methane dry reforming to hydrogen and syngas [J]. ACS Catal.，2013，3 (3)：1638-1651.

[32] Meng F H，Li Z，Ji F K，Li M H. Effect of ZrO_2 on catalyst structure and catalytic methanation performance over Ni-based catalyst in slurry-bed reactor [J]. Int. J. Hydrogen Energy，2015，40 (29)：8833-8843.

[33] Chen S Q，Wang H，Liu Y. Perovskite La-St-Fe-O (St＝Ca，Sr) supported nickel catalysts for steam reforming of ethanol：the effect of the a site substitution [J]. Int. J. Hydrogen Energy，2009，34 (19)：7995-8005.

[34] Wang H，Ye J L，Liu Y，Li Y D，Qin Y N. Steam reforming of ethanol over Co_3O_4/CeO_2 catalysts prepared by different methods [J]. Catal. Today，2007，129 (3-4)：305-312.

[35] 贺嘉，李振花，王保伟，马新宾，秦绍东，孙守理，孙琦. 助剂对钼基催化剂耐硫甲烷化性能的影响 [J]. 天然气化工（C_1 化学与化工），2013 (6)：1-6.

[36] Wang B W，Ding G Z，Shang Y G，Lv J，Wang H Y，Wang E D，Li Z H，Ma XB，Qin S D，Sun Q. Effects of MoO_3 loading and calcination temperature on the activity of the sulphur-resistant methanation catalyst MoO_3/γ-Al_2O_3 [J]. Appl. Catal. A：Gen.，2012，431-432：144-150.

[37] Wang B W，Hu Z Y，Liu S H，Jiang M H，Yao Y Q，Li Z H，Ma X B. Effect of sulphidation temperature on the performance of NiO-MoO_3/γ-Al_2O_3 catalysts for sulphur-resistant methanation [J]. RSC Adv.，2014，4 (99)：56174-56182.

[38] 田野. 新型耐硫甲烷化催化剂研制及其动力学研究 [D]. 太原：太原理工大学，2015.

[39] 秦绍东，龙俊英，田大勇，汪国高，杨霞，孙守理，孙琦. 不同载体负载的 Mo 基甲烷化催化剂 [J]. 工业催化，2014，22 (10)：770-774.

[40] Zuriaga-Monroy C，Martínez-Magadán J M，Ramos E，Gómez-Balderas R. A DFT study of the electronic structure of cobalt and nickel mono-substituted MoS_2 triangular nanosized clusters [J]. J. Mol. Catal. A-Chem.，2009，313 (1-2)：49-54.

[41] Dupont C，Lemeur R，Daudin A，Raybaud P. Hydrodeoxygenation pathways catalyzed by

MoS$_2$ and NiMoS active phases: A DFT study [J]. J. Catal., 2011, 279 (2): 276-286.

[42] Andersen A, Kathmann S M, Lilga M A, Albrecht K O, Hallen R T, Mei D H. Adsorption of potassium on MoS$_2$ (100) surface: a first-principles investigation [J]. J. Phys. Chem. C, 2011, 115 (18): 9025-9040.

[43] Andersen A, Kathmann S M, Lilga M A, Albrecht K O, Hallen R T, Mei D H. Effects of potassium doping on CO hydrogenation over MoS$_2$ catalysts: A first-principles investigation [J]. Catal. Commun. 2014, 52 (8): 92-97.

[44] Yoosuk B, Kim J H, Song C S, Ngamcharussrivichai C, Prasassarakich P. Highly active MoS$_2$, CoMoS$_2$, and NiMoS$_2$, unsupported catalysts prepared by hydrothermal synthesis for hydrodesulfurization of 4,6-dimethyldibenzothiophene [J]. Catal. Today, 2008, 130 (1): 14-23.

[45] Che F, Hensley A J, Ha S, McEwen J S. Decomposition of methyl species on a Ni(211) surface: investigations of the electric field influence [J]. Catal. Sci. Technol., 2014, 4 (11): 4020-4035.

[46] Cao D B, Li Y W, Wang J G, Jiao H J. CO$_2$ dissociation on Ni(211) [J]. Surf. Sci., 2009, 603, 2991-2998.

[47] Catapan R C, Oliveira A A M, Chen Y, Vlachos D G. DFT study of the water-gas shift reaction and coke formation on Ni(111) and Ni(211) surfaces [J]. J. Phys. Chem. C, 2012, 116 (38): 20281-20291.

[48] Kapur N, Hyun J, Shan B. Ab initio study of CO hydrogenation to oxygenate on reduced Rh terraces and stepped surfaces [J]. J. Phys. Chem. C, 2010, 114 (22): 10171-10182.

[49] Fajin J L C, Gomes J R B, Cordeiro M. N D S. Mechanistic study of carbon monoxide methanation over pure and rhodium-or ruthenium-doped nickel catalysts [J]. J. Phys. Chem. C, 2015, 119 (29): 16537-16551.

[50] Tada S, Kikuchi R. Mechanistic study and catalyst development for selective carbon monoxide methanation [J]. Catal. Sci. Technol., 2015, 5 (6): 3061-3070.

[51] Calles J A, Carrero A, Vizcaino A J, Lindo M. Effect of Ce and Zr addition to Ni/SiO$_2$ catalysts for hydrogen production through ethanol steam reforming [J]. Catalysts, 2015, 5 (1): 58-76.

[52] Liu J, Li C M, Wang F, He S, Chen H, Zhao Y F, Wei M, Evans D G, Duan X. Enhanced low-temperature activity of CO$_2$ methanation over highly-dispersed Ni/TiO$_2$ catalyst [J]. Catal. Sci. Technol., 2013, 3 (10): 2627-2633.

[53] Liu Q, Gu F N, Zhong Z Y, Xu G W, Su F B. Anti-sintering ZrO$_2$-modified Ni/α-Al$_2$O$_3$ catalyst for CO methanation [J]. RSC Adv., 2016, 6 (25): 20979-20986.

[54] Yao L, Shi J, Xu H L, Shen W, Hu C W. Low-temperature CO$_2$ reforming of methane on Zr-promoted Ni/SiO$_2$ catalyst [J]. Fuel Process. Technol., 2016, 144: 1-7.

[55] Li H D, Ren J, Qin X, Qin Z F, Lin J Y, Li Z. Ni/SBA-15 catalysts for CO methanation:

effects of V, Ce, and Zr promoters [J]. RSC Adv., 2015, 5 (117): 96504-96517.

[56] Yang X Z, Wang X, Gao G J, Wendurima, Liu E M, Shi Q Q, Zhang J A, Han C H, Wang J, Lu H L, Liu J, Tong M. Nickel on a macro-mesoporous Al_2O_3@ZrO_2 core/shell nanocomposite as a novel catalyst for CO methanation [J]. Int. J. Hydrogen Energy, 2013, 38 (32): 13926-13937.

[57] Tian D Y, Liu Z H, Li D D, Shi H L, Pan W X, Cheng Y. Bimetallic Ni-Fe total-methanation catalyst for the production of substitute natural gas under high pressure [J]. Fuel, 2013, 104: 224-229.

[58] Wang Y X, Su Y, Zhu M Y, Kang L H. Mechanism of CO methanation on the Ni_4/γ-Al_2O_3 and Ni_3Fe/γ-Al_2O_3, catalysts: a density functional theory study [J]. Int. J. Hydrogen Energy, 2015, 40 (29): 8864-8876.

[59] Liu Q, Gu F N, Lu X P, Liu Y J, Li H F, Zhong Z Y, Xu G W, Su F B. Enhanced catalytic performances of Ni/Al_2O_3 catalyst via addition of V_2O_3 for CO methanation [J]. Appl. Catal. A: Gen., 2014, 488: 37-47.

[60] Liu Q, Gao J J, Gu F N, Lu X P, Liu Y J, Li H F, Zhong Z Y, Liu B, Xu G W, Su F B. One-pot synthesis of ordered mesoporous Ni-V-Al catalysts for CO methanation [J]. J. Catal., 2015, 326: 127-138.

[61] Teoh W Y, Doronkin D E, Beh G K, Dreyer J A H, Grunwaldt J D. Methanation of carbon monoxide over promoted flame-synthesized cobalt clusters stabilized in zirconia matrix [J]. J. Catal., 2015, 326: 182-193.

[62] Liu Q, Zhong Z Y, Gu F N, Wang X Y, Lu X P, Li H F, Xu G W, Su F B. CO methanation on ordered mesoporous Ni-Cr-Al catalysts: effects of the catalyst structure and Cr promoter on the catalytic properties [J]. J. Catal., 2016, 337: 221-232.

[63] Lu X P, Gu F N, Liu Q, Gao J J, Jia L H, Xu G W, Zhong Z Y, Su F B. $Ni-MnO_x$ catalysts supported on Al_2O_3-modified Si waste with outstanding CO methanation catalytic performance [J]. Ind. Eng. Chem. Res., 2015, 54 (50): 12516-12524.

[64] Liu Q, Gu F N, Gao J J, Li H F, Xu G W, Su F B. Coking-resistant $Ni-ZrO_2/Al_2O_3$ catalyst for CO methanation [J]. J. Energy Chem., 2014, 23 (6): 761-770.

[65] Chen W C, Yang W, Xing J D, Liu L, Sun H L, Xu Z X, Luo S Z, Chu W. Promotion effects of La_2O_3 on Ni/Al_2O_3 catalysts for CO_2 methanation [J]. Adv. Mater. Res., 2015, 1118: 205-210.

[66] Wang M W, Luo L T, Li F Y, Wang J J. Effect of La_2O_3 on methanation of CO and CO_2 over $Ni-Mo/\gamma$-Al_2O_3 catalyst [J]. J. rare earth., 2000, 18 (1): 22-26.

[67] Zhang Z L, Verykios X E, MacDonald S M, Affrossman S. Comparative study of carbon dioxide reforming of methane to synthesis gas over Ni/La_2O_3 and conventional nickel-based catalysts [J]. J. Phys. Chem., 1996, 100 (2): 744-754.

[68] Al-Fatesh A S, Naeem M A, Fakeeha A H, Abasaeed A E. Role of La_2O_3 as promoter and

support in Ni/Al$_2$O$_3$ catalysts for dry reforming of methane [J] . Chinese J. Chem. Eng. , 2014, 22 (1): 28-37.

[69] Cui Y H, Zhang H D, Xu H Y, Li W Z. The CO$_2$ reforming of CH$_4$ over Ni/La$_2$O$_3$/α-Al$_2$O$_3$ catalysts: the effect of La$_2$O$_3$ contents on the kinetic performance [J] . Appl. Catal. A: Gen. , 2007, 331 (1): 60-69.

[70] Mo L Y, Zheng X M, Jing Q S, Lou H, Fei J H. Combined carbon dioxide reforming and partial oxidation of methane to syngas over Ni-La$_2$O$_3$/SiO$_2$ catalysts in a fluidized-bed reactor [J] . Energ. Fuel. , 2005, 19 (1): 49-53.

[71] Tada S, Kikuchi R, Takagaki A, Sugawara T, Oyama S T. Satokawa S. Effect of metal addition to Ru/TiO$_2$ catalyst on selective CO methanation [J] . Catal. Today, 2014, 232 (232): 16-21.

[72] Si J, Liu G L, Liu J G, Zhao L, Li S S, Guan Y, Liu Y. Ni nanoparticles highly dispersed on ZrO$_2$ and modified with La$_2$O$_3$ for CO methanation [J] . RSC Adv. , 2016, 6 (15): 12699-12707.

[73] Cai M D, Wen J, Chu W, Cheng X Q, Li Z J. Methanation of carbon dioxide on Ni/ZrO$_2$-Al$_2$O$_3$ catalysts: effects of ZrO$_2$ promoter and preparation method of novel ZrO$_2$-Al$_2$O$_3$ carrier [J] . J. Nat. Gas Chem. , 2011, 20 (3): 318-324.

[74] Takenaka S, Shimizu T, Otsuka K. Complete removal of carbon monoxide in hydrogen-rich gas stream through methanation over supported metal catalysts [J] . Int. J. Hydrogen Energy, 2004, 29 (10): 1065-1073.

[75] Guo C L, WuY Y, Qin H Y, Zhang J L. CO methanation over ZrO$_2$/Al$_2$O$_3$ supported Ni catalysts: a comprehensive study [J] . Fuel Process. Technol. , 2014, 124: 61-69.

[76] Ma Z Y, Yang C, Wei W, Li W H, Sun Y H. Catalytic performance of copper supported on zirconia polymorphs for CO hydrogenation [J] . J. Mol. Catal. A-Chem. , 2005, 231 (1-2): 75-81.

[77] Shukla S, Seal S, Vij R, Bandyopadhyay S, Rahman Z. Effect of nanocrystallite morphology on the metastable tetragonal phase stabilization in zirconia [J] . Nano Lett. , 2002, 2 (9): 989-993.

[78] Kattel S, Yan B, Yang Y, Chen J G, Liu P. Optimizing binding energies of key intermediates for CO$_2$ hydrogenation to methanol over oxide-supported copper [J] . J. Am. Chem. Soc. , 2016, 138 (38): 12440-12450.

[79] Jia C M, Gao J J, Li J, Gu F N, Xu G W, Zhong Z Y, Su F B. Nickel catalysts supported on calcium titanate for enhanced CO methanation [J] . Catal. Sci. Technol. , 2013, 3 (2): 490-499.

[80] Gao J J, Jia C M, Zhang M J, Gu F N, Xu G W, Zhong Z Y, Su F B. Template preparation of high-surface-area barium hexaaluminate as nickel catalyst support for improved CO methanation [J] . RSC Adv. , 2013, 3 (39): 18156-18163.

［81］ Teh L P，Triwahyono S，Jalil A A，Mamat C R，Sidik S M，Fatah N A A，Muktie R R，
Shishido T. Nickel-promoted mesoporous ZSM5 for carbon monoxide methanation ［J］. RSC
Adv.，2015，5（79）：64651-64660.

［82］ Jin G J，Gu F N，Liu Q，Wang X Y，Jia L H，Xu G W，Zhong Z Y，Su F B. Highly stable
Ni/SiC catalyst modified by Al_2O_3 for CO methanation reaction ［J］. RSC Adv.，2016，6
（12）：9631-9639.

［83］ Shinde V M，Madras G. CO methanation toward the production of synthetic natural gas over
highly active Ni/TiO_2 catalyst ［J］. AIChE J.，2014，60（3）：1027-1035.

［84］ Zeng Y，Ma H F，Zhang H T，Ying W Y，Fang D Y. Highly efficient $NiAl_2O_4$-free Ni/γ-
Al_2O_3 catalysts prepared by solution combustion method for CO methanation ［J］. Fuel，
2014，137（137）：155-163.

［85］ Zhang W B，Chen C，Zhang S Y. Equilibrium crystal shape of Ni from first principles ［J］. J.
Phys. Chem. C，2013，117（41）：21274-21280.

［86］ Meltzman H，Chatain D，Avizemer D，Besmann T M，Kaplan W D. The equilibrium crystal
shape of nickel ［J］. Acta Mater.，2011，59（9）：3473-3483.

［87］ Hong J S，Jo W，Ko K J，Hwang N M，Kim D Y. Equilibrium shape of nickel crystal ［J］.
Philos. Mag.，2009，89（32）：2989-2999.

［88］ Ji J，Pham T H，Duan X Z，Qian G，Li P，Zhou X G，Chen D. Morphology dependence of
catalytic properties of Ni nanoparticles at the tips of carbon nanofibers for ammonia decomposi-
tion to generate hydrogen ［J］. Int. J. Hydrogen Energy，2014，39（35）：20722-20730.

第2章 理论基础与计算方法

2.1 密度泛函理论

密度泛函理论（Density Functional Theory，DFT）是 Thomas 和 Fermi 于 1927 年提出的一种从头计算方法，是一种研究多电子体系结构的量子化学方法，是求解 Schrodingger 方程的方法之一。该理论起源于均匀电子气模型上的 Thomas-Fermi 模型[1,2]，历经具有坚实理论基础的 Hohenbern-Kohn 定理阶段，发展为由纯粹的理论问题走向实际应用的 Kohn-Sham 方程[3]。

2.1.1 交换相关势

局域密度近似（Local Density Approximation，LDA）使用的是均匀电子气模型的交换相关能量密度形式。LDA 近似能精确计算均匀电子气模型的交换关联能[3]，对于电子密度变化较小的体系也可以给出较好的结果，当体系电荷密度变化较大时，该近似方法得到的交换相关能与实际偏差较大。

广义梯度近似（General Gradient Approximation，GGA）是对 LDA 的改进，实际原子和分子体系的电子密度为非均匀的，所以通常 LDA 计算得到的原子或分子的化学性质不能满足化学家的要求，GGA 近似考虑了电子密度的非均匀性，使得交换关联项既与电子密度函数有关，也与其梯度（电子密度的变化）有关。通常 GGA 对团簇、分子、原子和过渡态金属性质的描述比基于 LDA 得到的结果更接近真实情况。

2.1.2 赝势方法

在量子化学从头计算方法中，最重要的是对原子或分子电子的交换能和 Coulomb 能做全面计算。此方法在理论上合理、可操作、准确性高，但其对于大体系计算量太大，限制了其应用范围。在此基础上产生出了许多简化计算的方法，其中赝势方法[4]是一种能够很好逼近全电子的从头计算方法。

赝势有软硬之分，如果一个赝势使用很小的傅里叶格子便取得精确的结果，则此赝势是软的，相反，则称之为硬的。规范-守恒赝势（Norm-Conserving Pseudopotential，NCPP）由 D. R. Hamann 等[5]提出，常用于能带理论计算，是一种相当硬的赝势。而 Vanderbilt[6]的超软赝势（Ultrasoft Pseudopotential，USP）是通过不释放非收敛性条件提出的。超软赝势比守恒赝势更软，此外，由于采用超软赝势可以保证在预先选择的能量范围内会有良好的散射性质，使得产生的赝势具有更好的转换性和精确性。

2.2 反应过渡态理论

过渡态理论（Transition State Theory，TST）也称活化络合物理论，由一些学者[7,8]于 1931～1935 年提出，用于阐述化学反应机理、解释结构与反应性的关系。此理论认为化学反应不是简单的碰撞即可进行，而要经历一个旧键尚未断裂、新键将要形成的过渡态，即能量较高的活化络合物，如图 2-1 所示。形成过渡态需要的活化能 E_a 和反应热 ΔE 定义为：

$$E_a = E_{TS} - E_{IS} \tag{2-1}$$

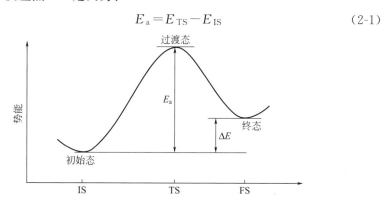

图 2-1　反应途径势能图（注：E_a 为活化能，ΔE 为反应能）

$$\Delta E = E_{FS} - E_{IS} \qquad (2\text{-}2)$$

E_a 和 ΔE 分别是基元的反应的活化能（activation energy）和反应热（reaction energy），E_{TS} 和 E_{IS} 分别是基元反应的初始态（transition states）和终态（initial states）。

过渡态与反应物分子之间可以建立化学平衡，化学反应速率由反应物转化为过渡态的活化能决定。

2.3 VASP 软件包

本书所有计算工作采用 VASP（Vienna Ab initio Simulation Package)[9~11]软件包完成，该软件包由维也纳大学 Hafner 小组开发，是以密度泛函理论为理论基础编写的使用平面波基组和赝势方法实现电子结构计算和量子力学-分子动力学模拟的一个软件包，是目前模拟和计算物质科学研究中很常用的软件之一。

该软件以周期性边界条件（或超原胞模型）为前提，可以用来处理原子、分子、团簇，纳米管、薄膜、晶体、准晶、无定性材料及表面体系和固体。

2.4 计算方法

2.4.1 计算参数

本书采用 VASP 软件计算完成。由于金属 Ni 具有磁性[12,13]，Ni(111) 和 Ni(211)、LaNi(111) 和 ZrNi(211) 以及 Ni_4-ZrO_2 (111)、Ni_{13}-ZrO_2(111) 和 $ZrNi_3$-Al_2O_3(110) 表面的所有计算均考虑了自旋极化，交换相关势采用 PAW 型赝势[14,15]中的广义梯度近似 GGA 和 Perdew-Wang-91 泛函相结合的方法（GGA-PW91)[16]。平面波基组截断能为 340eV，结构优化的力收敛标准和电子自洽标准分别为 0.03eV/Å 和 1×10^{-5} eV/atom。布里渊区的 k 点取值依周期性模型而定[17]，采用 Gaussian smearing 方法，Smearing 展宽为 0.1eV[18]。为了验证计算参数的可靠性，以 $6 \times 6 \times 6$ 的 k 点，优化

得 Ni 晶胞常数为 3.54Å（1Å＝10^{-10} m，下同），与实验值 3.52Å[19]
一致。

由于 Mo 不具有磁性，MoS_2 (100) 和 S-Ni/MoS_2 (100) 表面的
计算不考虑自旋极化，交换相关势采用 GGA 和 Perdew-Burke-Ernz-
erhof 方法（GGA-PBE）。平面波基组截断能为 400eV，结构优化方
法及收敛标准与 Ni 表面相同。

采用 CI-NEB（Climbing-Image Nudged Elastic Band）[20,21]方法
搜索反应物与产物之间的过渡态，设置力常数≤0.05eV/Å 时达到收
敛标准。使用频率分析确认过渡态的正确性，当过渡态存在唯一虚
频，且该虚频对应的振动是反应中需要断裂或者形成的化学键，即认
为该过渡态正确。

2.4.2 计算公式

（1）吸附能 E_{ads}、活化能 E_a 和反应能 ΔE

CO 甲烷化反应涉及的各物种在不同基底上的吸附能 E_{ads}、各基
元反应的活化能 E_a 和反应能 ΔE 计算公式如下。

经 DFT 计算，Ni(111) 和 LaNi(111) 表面上所有物种的吸附能
E_{ads} 定义为[22]：

$$E_{ads} = E_{species/slab} - E_{slab} - E_{species} \tag{2-3}$$

式中　$E_{species/slab}$——吸附物种与基底的总能量；

E_{slab}——基底的能量；

$E_{species}$——吸附物种在气相中的能量。

E_{ads} 数值越负，表示吸附物种与基底吸附作用越强，反之越弱。
通过对物种吸附能与物种参与反应的活化能大小进行比较，可判断物
种在反应中是参与反应还是从催化剂表面脱附。

经零点校正（Zero-point Energy Correction，ZPE），Ni(211) 和
ZrNi(211) 表面上所有物种的吸附能 E_{ads} 及所有基元反应过渡态的
活化能 E_a 和反应能 ΔE 定义为[23]：

$$E_{ads} = (E_{species/slab} - E_{slab} - E_{species}) + \Delta ZPE_{ads} \tag{2-4}$$

$$E_a = (E_{TS} - E_{IS}) + \Delta ZPE_{barrier} \tag{2-5}$$

$$\Delta E = (E_{FS} - E_{IS}) + \Delta ZPE_{reaction} \tag{2-6}$$

$$\Delta ZPE_{ads} = \left(\sum_{i=1}^{vibration} \frac{hv_i}{2}\right)_{adsorbed} - \left(\sum_{i=1}^{vibrations} \frac{hv_i}{2}\right)_{gas} \quad (2-7)$$

$$\Delta ZPE_{barrier} = \left(\sum_{i=1}^{vibration} \frac{hv_i}{2}\right)_{TS} - \left(\sum_{i=1}^{vibrations} \frac{hv_i}{2}\right)_{IS} \quad (2-8)$$

$$\Delta ZPE_{reaction} = \left(\sum_{i=1}^{vibration} \frac{hv_i}{2}\right)_{FS} - \left(\sum_{i=1}^{vibrations} \frac{hv_i}{2}\right)_{IS} \quad (2-9)$$

式中　　ΔZPE_{ads}、$\Delta ZPE_{barrier}$ 和 $\Delta ZPE_{reaction}$——吸附能 E_{ads}、活化能 E_a 和反应能 ΔE 的 ZPE 修正值[23]；

h——普朗克常量；

v_i——吸附物种振动频率。

经温度 T 和压力 P 校正，Ni_4-ZrO_2(111)、Ni_{13}-ZrO_2(111) 和 $ZrNi_3$-Al_2O_3(110) 表面以及 MoS_2(100) 和 S-Ni/MoS_2(100) 表面上所有物种的吸附能 E_{ads}、所有基元反应过渡态的活化能 E_a 和反应能 ΔE 定义为[24]：

$$E_{ads} = (E_{species/slab} - E_{slab} - E_{species}) + \Delta ZPE_{ads} + \Delta G_{ads} \quad (2-10)$$

$$E_a = (E_{TS} - E_{IS}) + \Delta ZPE_{barrier} + \Delta G_{barrier} \quad (2-11)$$

$$\Delta E = (E_{FS} - E_{IS}) + \Delta ZPE_{reaction} + \Delta G_{reaction} \quad (2-12)$$

$$\Delta G = \Delta H - \Delta ST \quad (2-13)$$

$$\Delta H = \Delta U + \gamma RT \quad (2-14)$$

式中　　ΔG_{ads}、$\Delta G_{barrier}$ 和 $\Delta G_{reaction}$——吸附能 E_{ads}、活化能 E_a 和反应能 ΔE 在反应温度 T 和反应压力 P 下的修正值，ΔG 定义如式(2-13)所列；

R——热力学常数；

γ——逸度因子，$\gamma = 0$ 或 1（吸附物种是 0，气相分子是 1）；

ΔU 和 ΔS——各反应物种在反应条件（T，P）下的内能变和熵变。

在本书中，CO 甲烷化反应中涉及的所有中间体和过渡态均为化学吸附，$\gamma = 0$，即各反应物种（反应物 CO、H_2 和产物 CH_4 除外）与基底紧密接触；假定各反应物种在基底上的空间运动仅包括振动[25]，这样，各反应物种的内能 U^{θ} 和 S^{θ} 分别近似为 $U^{\theta}_{vibration}$ 和

$S_{vibration}^{\theta}$，定义为[24,25]：

$$U_{vibration}^{\theta} = R \sum_{i=1}^{vibration} \frac{h v_i / k_B}{e^{h v_i / k_B T} - 1} \tag{2-15}$$

$$S_{vibration}^{\theta} = R \sum_{i=1}^{vibration} \left[-\ln(1 - e^{-h v_i / k_B T}) + \frac{h v_i / k_B}{e^{h v_i / k_B T} - 1} \right] \tag{2-16}$$

式中 k_B——波尔茨曼常数。

对于反应物 CO 和 H_2，假定反应物在表面的吸附过程是平衡的，气相 CO 和 H_2 分子的 $\gamma=1$，其 ΔS 由标准热力学方程计算。参与反应的 CO 和 H_2 分别为化学吸附态的 CO 和解离吸附的 H，其 ΔU 和 ΔS 由式（2-15）和式（2-16）计算。产物 CH_4 在表面为物理吸附，一经生成随即脱附。

（2）形成能 E_f

Zr 在 Ni(211) 和 Ni_4-Al_2O_3(110) 面替换一个 Ni 原子，以及 Ni 在 MoS_2(100) 面替换一 Mo 原子的形成能 E_f 分别定义为[26]：

$$E_f = E_{ZrNi(211)} + E_{Ni} - E_{Ni(211)} - E_{Zr} \tag{2-17}$$

$$E_f = E_{ZrNi_3/Al_2O_3(110)} + E_{Ni} - E_{Ni_4/Al_2O_3(110)} - E_{Zr} \tag{2-18}$$

$$E_f = E_{Ni/MoS_2(100)} + E_{Mo} - E_{MoS_2(100)} - E_{Ni} \tag{2-19}$$

E_f 为负表示替换是放热过程；E_f 为正表示是吸热过程。

（3）金属载体间相互作用能 E_{int}

负载于 ZrO_2(111) 基底的 Ni_4 和 Ni_{13} 簇以及负载于 Al_2O_3(110) 基底的 Ni_4 和 $ZrNi_3$ 簇，其金属载体间相互作用能 E_{int} 分别定义为[27]：

$$E_{int} = E_{Ni_n/ZrO_2(111)} - E_{ZrO_2(111)} - E_{Ni_n} \tag{2-20}$$

$$E_{int} = E_{Ni_n/Al_2O_3(110)} - E_{Al_2O_3(110)} - E_{Ni_n} \tag{2-21}$$

式中，$E_{Ni_n/ZrO_2(111)}$、$E_{ZrO_2(111)}$ 和 E_{Ni_n}——负载 Ni_n 簇的 ZrO_2(111) 面、载体 ZrO_2(111) 面和 Ni_n 簇的总能量；

$E_{Ni_n/Al_2O_3(110)}$ 和 $E_{Al_2O_3(110)}$——负载 Ni_n 簇的 Al_2O_3(110) 面和载体 Al_2O_3(110) 面的总能量。

（4）d 带中心平均能 ε_d

Ni(111) 与 LaNi(111)、Ni(211) 与 ZrNi(211)、Ni_4-ZrO_2

（111）与 $Ni_{13}\text{-}ZrO_2$（111），以及 MoS_2（100）与 $S\text{-}Ni/MoS_2$（100）表面 d 带中心平均能 ε_d 定义为[28]：

$$\varepsilon_d = \frac{\int_{-\infty}^{E_f} E\rho_d(E)\mathrm{d}E}{\int_{-\infty}^{E_f} \rho_d(E)\mathrm{d}E} \qquad (2\text{-}22)$$

式中　　$\rho_d(E)$ ——d 电子态密度；

$\qquad\qquad E$——与 $\rho_d(E)$ 相应的能量；

$\qquad\qquad E_f$——费米能级；

$\int_{-\infty}^{E_f} E\rho_d(E)\mathrm{d}E$ ——d 轨道电子的总能量；

$\int_{-\infty}^{E_f} \rho_d(E)\mathrm{d}E$ ——d 轨道的电子数目。

d 带中心平均能 ε_d 越接近零，说明 d 带中心上移，成键的低能量 d 电子减少，反键的高能量 d 电子增多，过渡金属催化剂的反应性增强。

参考文献

[1] Thomas L H. The calculation of atomic fields [J]. Math. Proc. Cambridge, 1927, 23 (5): 542-546.

[2] Fermi E. Un metodo statistico per la determinazione di alcune proprieta dell' atomo [J]. Accad. Lincei., 1927, 6: 602-607.

[3] Kohn W. Self-consistent equations including exchange and correlation effects [J]. Phys. Rev., 1965, 140 (4A): 1133-1138.

[4] 徐光宪，黎乐民，王德民. 量子化学：基本原理和从头计算法 [M]. 北京：科学出版社，2007.

[5] Hamann D R, Schlüter M, Chiang C. Norm-conserving pseudopotentials [J]. Phys. Rev. Lett, 1979, 43 (20): 1494-1497.

[6] Vanderbilt D. Soft self-consistent pseudopotentials in a generalized eigenvalue formalism [J]. Phys. Rev. B: Condens. Matter, 1990, 41 (11): 7892-7895.

[7] Eyring H. The activated complex and the absolute rate of chemical reactions [J]. Chem. Rev., 1935, 17 (1): 65-77.

[8] 傅献彩，沈文霞，姚天扬，侯文华. 物理化学 [M]. 北京：高等教育出版社，2006.

[9] Kresse G, Hafner J. Ab initio molecular dynamics for open-shell transition metals [J]. Phys. Rev. B, 1993, 48 (17): 13115-13118.

[10] Kresse G, Furthmüller J. Efficiency of ab-initio total energy calculations for metals and semi-

conductors using a plane-wave basis set [J]. Comput. Mater. Sci, 1996, 6 (1): 15-50.

[11] Kresse G, Furthmüller J. Efficient iterative schemes for ab initio total-energy calculations using a plane-wave basis set [J]. Phys. Rev. B: Condens. Matter, 1996, 54 (16): 11169-11186.

[12] Kresse G, Hafner J. First-principles study of the adsorption of atomic H on Ni (111), (100) and (110) [J]. Surf. Sci., 2000, 459 (3): 287-302.

[13] Mittendorfer F, Eichler A, Hafner J. Structural electronic and magnetic properties of nickel surfaces [J]. Surf. Sci., 1999, 423 (1): 1-11.

[14] Kresse G, Joubert D. From ultrasoft pseudopotentials to the projector augmented-wave method [J]. Phys. Rev. B, 1999, 59 (3): 1758-1775.

[15] Mortensen J J, Hansen L B, Jacobsen K W. Real-space grid implementation of the projector augmented wave method [J]. Phys. Rev. B, 2005, 71: 035109-1-11.

[16] Perdew J P, Chevary J A, Vosko S H, Jackson K A, Pederson M R, Singh D J, Fiolhais C. Atoms, molecules, solids, and surfaces: Applications of the generalized gradient approximation for exchange and correlation [J]. Phys. Rev. B, 1992, 46 (11): 6671-6687.

[17] Monkhorst H J, Pack J D. Special points for brillouin-zone integrations [J]. Phys. Rev. B, 1976, 13 (12): 5188-5192.

[18] Methfessel M, Paxton A T. High-precision sampling for brillouin-zone integration in metals [J]. Phys. Rev. B, 1989, 40 (6): 3616-3621.

[19] Kittel C. Introduction to solid state physics, 6th ed [M]. New York: Wiley, 1986.

[20] Sheppard D, Xiao P, Chemelewski W, Johnson D D, Henkelman G. A generalized solid-state nudged elastic band method [J]. J. Chem. Phys., 2012, 136 (7): 074103-1-8.

[21] Sheppard D, Terrell R, Henkelman G. Optimization methods for finding minimum energy paths [J]. J. Chem. Phys., 2008, 128 (13): 134106-1-10.

[22] Catapan R C, Oliveira A A M, Chen Y, Vlachos D G. DFT study of the water-gas shift reaction and coke formation on Ni(111) and Ni(211) surfaces [J]. J. Phys. Chem. C, 2012, 116 (38): 20281-20291.

[23] Kapur N, Hyun J, Shan B, Nicholas J B, Cho K. Ab initio study of CO hydrogenation to oxygenates on reduced Rh terraces and stepped surfaces [J]. J. Phys. Chem. C, 2010, 114 (22): 10171-10182.

[24] Cao X M, Burch R, Hardacre C, Hu P. An understanding of chemoselective hydrogenation on crotonaldehyde over Pt (111) in the free energy landscape: the microkinetics study based on first-principles calculations [J]. Catal. Today, 2011, 165 (1): 71-79.

[25] Andersson M P, Abild-Pedersen F, Remediakis I N, Bligaard T, Jones G, Engbæk J, Lytken O, Horch S, Nielsen J H, Sehested J, Rostrup-Nielsen J R, Nørskov J K, Chorkendorff I. Structure sensitivity of the methanation reaction: H_2-induced CO dissociation on nickel surfaces [J]. J. Catal., 2008, 255 (1): 6-19.

[26] Xu Y, Fan C, Zhu Y A, Li P, Zhou X G, Chen D, Yuan W K. Effect of Ag on the control

of Ni-catalyzed carbon formation: a density functional theory study [J] . Catal. Today, 2012, 186 (1): 54-62.

[27] Jung C, Ishimoto R, Tsuboi H, Koyama M, Endou A, Kubo M, Carpio C A D, Miyamoto A. Interfacial properties of ZrO_2 supported precious metal catalysts: a density functional study [J] . Appl. Catal. A: Gen. , 2006, 305 (1): 102-109.

[28] Li J, Croiset E, Ricardezsandoval L. Effect of metal-support interface during CH_4 and H_2 dissociation on Ni/γ-Al_2O_3: a density functional theory study [J] . J. Phys. Chem. C, 2013, 117 (33): 16907-16920.

第 3 章

Ni（111）和 Ni（211）表面 CO 甲烷化：表面结构的影响

催化剂表面结构与催化性能紧密相关[1,2]。Ni(111) 表面是金属 Ni 最稳定的密堆积表面，也是 Ni 催化剂反应过程中暴露最多的面，已被广泛用于各种原子和分子在 Ni 催化剂表面吸附行为[3~11]以及合成气甲烷化反应机理的研究中[12]。CO 甲烷化对 Ni 催化剂表面结构非常敏感[13]，缺陷处的低配位 Ni 原子对该反应具有高活性[14]，阶梯 Ni(211) 是 Ni 催化剂缺陷的普遍存在形式[15]。

本章通过 DFT 计算系统研究了 Ni(111) 和 Ni(211) 表面上 CO 甲烷化机理和 CH_4 形成的可能路径，从微观角度阐明影响 CH_4 形成活性和选择性的关键步骤。通过比较不同形貌 Ni 催化剂模型上各反应物种的吸附及产物 CH_4、CH_3OH 和表面 C 的生成，明确 Ni 活性位微观结构以及其对 CO 甲烷化活性和 CH_4 选择性的影响。基于此，研究 Ni 活性位微观结构与 CO 甲烷化反应和 Ni 催化剂中毒失活微观机理的相关性，为科学地控制 Ni 微粒的形貌提供理论指导。

3.1 计算模型及参数

3.1.1 Ni（111）表面

Ni(111) 表面模型为 3 层的 $p(3\times3)$ 超胞，真空层厚度为 15Å，以确保相邻两片层之间作用力可以忽略；布里渊区的 K 点为 $5\times5\times1$。计算过程中，模型底部 1 层原子固定，上部 2 层原子以及吸附物种弛豫。模型如图 3-1 所示，Ni(111) 表面有 4 种吸附位，即顶位 Top、桥位 Bridge、三重穴位 Hcp 和 Fcc。活化能 E_a、反应热 ΔE 和吸附

能 E_{ads} 分别由式(2-1)～式(2-3) 计算。

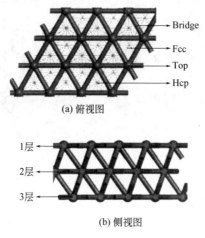

(a) 俯视图

(b) 侧视图

图 3-1　Ni(111) 表面俯视和侧视结构图

3. 1. 2　Ni(211) 表面

Ni(211) 表面模型为 8 层的 $p(2 \times 3)$ 超胞，底部 3 层原子固定，上部 5 层原子以及吸附物种弛豫；为忽略相邻两片层之间作用力，真空层厚度设为 15Å，布里渊区的 K 点为 $2 \times 3 \times 2$，模型如图 3-2 所

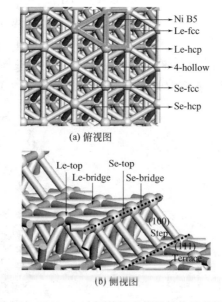

(a) 俯视图

(b) 侧视图

图 3-2　Ni(211) 表面俯视和侧视结构及吸附位

示。Ni(211) 表面上有 9 种吸附位:高阶位 Se-top、Se-bridge、Se-fcc和 Se-hcp,低阶位 Le-top、Le-bridge、Le-fcc 和 Le-hcp 以及 (100) 阶梯位 4-hollow。配位不饱和的阶梯 Ni(211) 面上具有 "Ni 缺陷 B5 位"。

3.2　表面物种的吸附

表面物种的吸附对于 CO 甲烷化反应中所涉及物种的吸附非常重要,吸附作为一切反应的起始,研究 CO 甲烷化机理,首先要了解 CO 甲烷化过程中所涉及相关物种在催化剂表面上的吸附。

3.2.1　H_2 解离吸附

在 Ni(111) 表面,由于 H_2 分子具有对称性结构,考虑了 H_2 分子在 Fcc、Hcp、Top 和 Bridge 位的平行吸附构型。摆放在 Fcc 或 Hcp 位的 H_2 分子弛豫后经优化都转变为桥位的平行吸附构型;摆放在 Top 和 Bridge 位的 H_2 分子经优化仍能稳定吸附于原位,吸附能均为 -0.02eV。Bridge 位的 H_2 解离需克服 0.33eV 的活化能,过渡态对应的虚频为 463cm^{-1},反应放热 0.77eV。在图 3-3 中,Top 位吸附 H_2 仅需克服 0.13eV 的活化能垒,解离为共吸附于表面的 2 个 H 原子,解离的 H 原子吸附在两个相邻的 Fcc 和 Hcp 位,过渡态对应的虚频为 268cm^{-1},解离过程放热 1.05eV。

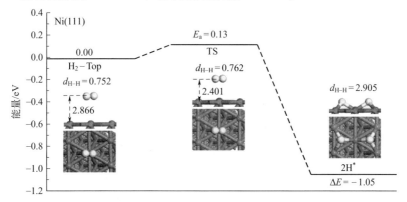

图 3-3　Ni(111) 表面 H_2 解离吸附的能量结构

  H_2 分子在 Ni(211) 表面的 Se-top 和 Se-bridge 位均为物理吸附，吸附能均为 $-0.18eV$，其吸附构型如图 3-4 所示。

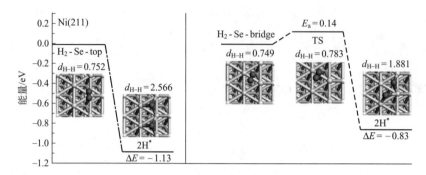

图 3-4 Ni(211) 表面 H_2 解离吸附的能量结构

  由图 3-4 可知，H_2 解离在 Ni(211) 面的 Se-top 和 Se-bridge 位上都是低能垒强放热过程，H_2 解离反应很容易发生。两个吸附位 Se-top 和 Se-bridge 的 H_2 解离反应分别放热 $1.13eV$ 和 $0.83eV$；Se-top 位的 H_2 解离是自发过程，Se-bridge 位 H_2 解离过程仅需克服 $0.14eV$ 的活化能垒，过渡态对应的虚频为 $375cm^{-1}$。

  综上，在 Ni(111) 和 Ni(211) 面，H_2 分子主要以解离吸附形式存在。

3.2.2 Ni（111）表面各物种的稳定吸附构型

  书后彩图 1 给出了 Ni(111) 表面上 CO 甲烷化反应中涉及的各物种的稳定吸附构型，表 3-1 列出了各稳定吸附构型对应的吸附位和吸附能。

  ① C，H，O：C 吸附在 Fcc 或 Hcp 位，吸附能均为 $-6.82eV$；H 吸附在 Fcc 或 Hcp 位，吸附能分别为 $-2.78eV$ 和 $-2.77eV$；O 吸附在 Fcc 位，吸附能为 $-5.76eV$。

  ② CO，COH：CO 垂直吸附在 Fcc 或 Hcp 位，吸附能分别为 $-1.90eV$ 和 $-1.91eV$；在 COH 的稳定吸附构型中，C—O 键与表面垂直，COH 吸附在 Fcc 或 Hcp 位，吸附能均为 $-4.45eV$。

  ③ OH，H_2O：OH 吸附于 Fcc 位，吸附能为 $-3.54eV$；H_2O 通过 O 垂直吸附于 Top 位，且 H_2O 分子平面与金属表面平行，吸附能为 $-0.33eV$。

表 3-1　各稳定吸附构型对应的吸附位和吸附能

吸附物	E_{ads}/eV			
	计算结果	文献结果		
	PW91	PBE	RPBE	PW91
C	−6.82(Fcc),−6.82(Hcp)	−6.78[①],−6.61[③],−6.67[④]	−6.00[⑤],−6.22[⑥]	−6.86[⑧]
H	−2.78(Fcc),−2.77(Hcp)	−2.81[①],−2.86[④],−2.95[②]	−2.8[③],−2.65[⑥]	−2.83[⑧]
O	−5.76(Fcc)	−5.67[①]	−4.5[⑤]	−5.74[⑧]
CO	−1.90(Fcc),−1.91(Hcp)	−1.92[①],−2.09[③]	−1.5[⑤],−0.39[⑦]	−1.91[⑧],−2.01[⑨]
OH	−3.54(Fcc)	−3.42[①],−3.34[③],−3.19[②]	−2.5[⑤]	−3.42[⑧]
H_2O	−0.33(Top)	−0.29[①],−0.47[③]	−0.02[⑤]	−0.31[⑧]
CH	−6.47(Fcc),−6.45(Hcp)	−6.43[①],−6.84[③],−6.48[④]	−5.9[⑤],−5.70[⑥]	
CH_2	−4.07(Fcc)	−4.01[①],−3.89[④]	−3.3[⑤],−3.21[⑥]	
CH_3	−1.94(Fcc)	−1.91[①],−1.86[④],−2.04[②]	−1.3[⑤],−1.33[⑥]	
CH_4	−0.02(Top)	−0.02[①]		
HCO	−2.35(Fcc),−2.36(Hcp)	−2.26[①],−2.49[③],−2.41[②]	−1.8[⑤]	
COH	−4.45(Fcc),−4.45(Hcp)	−4.39[①]−4.42[③]	−2.1[⑤]	
CH_2O	−0.84(Fcc),−0.83(Hcp)	−0.75[①],−1.03[②]	−0.2[⑤]	
CH_3O	−2.75(Fcc)	−2.63[①],−2.59[②]	−1.9[⑤]	
HCOH	−3.91(Bridge)	−3.88[①]	−2.4[③]	
CH_2OH	−1.68(Bridge)	−1.54[①],−1.68[②]	−1.0[⑤]	
CH_3OH	−0.37(Top)	−0.30[①]	−0.03[⑤],−0.02[⑦]	
CO_2	0.07(Bridge)			

注:DFT 方法:

GGA-PBE[①~④]　GGA-RPBE[⑤~⑦]　GGA-PW91[⑧,⑨]。

① VASP code, GGA-PBE, 3×3 four-layer slab, 3×3×1 k-points, energy cutoff of 400eV[3];

② STATE code, GGA-PBE, 3×2 three-layer slab, 4×6×1 k-points, energy cutoff of 25Ry[2];

③ SIESTA code, GGA-PBE, 2×2 four-layer slab, 5×5×1 k-points, energy cutoff of 200Ry[4];

④ DFT code, GGA-PBE, 4 (2×2) unit cells, 5×5 k-points[5];

⑤ DACAPO code, GGA-RPBE, 2×2 three-layer slab, 6×6×1 k-points, energy cutoff of 340eV[6];

⑥ ADF-BAND code, GGA-RPBE, 2×2 three-layer slab, 15 k-points[7];

⑦ DACAPO code, GGA-RPBE, 2×2 three-layer slab, 5×5×1 k-points, energy cutoff of 25Ry[8];

⑧ VASP code, GGA-PW91, 3×3 three-layer slab, 5×5×1 k-points, energy cutoff of 500eV[9];

⑨ VASP code, GGA-PW91, 3×3 four-layer slab, 3×3×1 k-points, energy cutoff of 400eV[10]。

　　④ CH,CH_2,CH_3,CH_4:CH 吸附在 Fcc 或 Hcp 位,吸附能分别为−6.47eV 和−6.45eV;CH_2 和 CH_3 都吸附在 Fcc 位,对应的吸附能分别为−4.07eV 和−1.94eV;可见,随着 H 数目的增加,CH_x 的吸

附能呈减小趋势；CH_4 与表面作用力很弱，吸附能为 $-0.02eV$。

⑤ HCO，CH_2O，CH_3O：HCO 和 CH_2O 都通过 C 和 O 吸附于表面，稳定吸附位均为 Fcc 或 Hcp 位，HCO 对应的吸附能为 $-2.35eV$ 和 $-2.36eV$，CH_2O 的吸附能分别为 $-0.84eV$ 和 $-0.83eV$；CH_3O 上的 C 原子配位饱和，所以 CH_3O 仅通过 O 吸附于 Fcc 位，吸附能为 $-2.75eV$。

⑥ HCOH，CH_2OH，CH_3OH：HCOH 仅通过 C 吸附在 Bridge 位，吸附能为 $-3.91eV$；CH_2OH 经 C 和 O 平行吸附于 Bridge 位，吸附能为 $-1.68eV$；CH_3OH 通过 O 吸附于表面 Top 位，吸附能为 $-0.37eV$。

⑦ CO_2：CO_2 通过 C 和 O 吸附于 bridge 位，吸附能为 $0.07eV$；表明 CO_2 一经形成将脱附。

3.2.3　Ni（211）表面各物种的稳定吸附构型

Ni(211) 表面上 CO 甲烷化反应中涉及的各物种的稳定吸附构型如书后彩图 2 所示，表 3-2 列出了 Ni(211) 表面各稳定吸附构型对应的吸附位、吸附能及电荷转移量。

① CO，COH，C，CH，CH_2，CH_3，CH_4：CO 和 COH 都以 3 个 C—Ni 键吸附于 Se-hcp 位；CO 和 COH 的吸附能分别为 $-2.00eV$ 和 $-4.42eV$。C 和 CH 都以 4 个相等的 C—Ni 键吸附于 Ni (211) 表面的 4-hollow 位，吸附能分别为 $-7.87eV$ 和 $-6.74eV$。CH_2 稳定吸附于 Ni(211) 面的 Se-hcp 位，其中一个 H 原子与 Ni 成键，H—Ni 键分别为 1.799Å 和 1.675Å，另一个 H 原子指向表面外；CH_3 也是以 C—Ni 键与基底相连，优先吸附于 Ni(211) 面的 Se-bridge 位，CH_2 和 CH_3 的吸附能分别为 $-4.13eV$ 和 $-2.20eV$。CH_4 以微弱的吸附能 $-0.02eV$ 物理吸附于 Ni(211) 面的 Se-top 位，表明 CH_4 一旦生成，随即脱附；其中一个 C—H 键垂直于表面，其余 H 原子指向表面外。

② O，OH，CH_3O，HCO，CH_2O，CH_2OH，CO_2，HCOH，H_2O，CH_3OH：O 物种优先吸附于 Se-hcp 位，吸附能为 $-5.86eV$；OH 和 CH_3O 都稳定吸附于 Ni(211) 面的 Se-bridge 位，吸附能分别为 $-3.86eV$ 和 $-2.90eV$。HCO、CH_2O、CH_2OH 和 CO_2 都是通过 C

表 3-2　Ni(211) 表面各稳定吸附构型对应的
吸附位、吸附能及电荷转移量

吸附物	计算结果			文献结果
	吸附位	E_{ads}/eV	q/e	E_{ads}/eV
H_2	Se-top	−0.18	−0.02	
H	Se-hcp	−2.68	−0.31	−2.86(Se-hcp)[1]
CO	Se-hcp	−2.00	−0.48	−2.09(Se-hcp)[2]
COH	Se-hcp	−4.42	−0.33	−4.35(Se-hcp)[2]
C	4-hollow	−7.87	−0.79	−7.98(4-hollow)[1]
CH	4-hollow	−6.74	−0.62	−6.87(4-hollow)[1]
CH_2	Se-hcp	−4.13	−0.42	−4.39(Se-hcp)[1]
CH_3	Se-bridge	−2.20	−0.27	−2.37(Se-bridge)[1]
CH_4	Se-top	−0.02	−0.02	
O	Se-hcp	−5.86	−0.90	
OH	Se-bridge	−3.86	−0.53	−3.47(Se-bridge)[2]
CH_3O	Se-bridge	−2.90	−0.52	
HCO	Se-bridge	−2.50	−0.32	−2.52(4-hollow)[2]
CH_2O	Se-bridge	−1.13	−0.43	
CH_2OH	Se-bridge	−2.11	−0.15	
CO_2	Se-bridge	−0.42	−0.64	−0.31[2]
HCOH	Se-bridge	−4.26	−0.18	
H_2O	Se-top	−0.52	0.03	−0.72(se-top)[2]
CH_3OH	Se-top	−0.63	0.04	
C_2	—	−8.14	—	
C_3	—	−6.81	—	

① VASP code, GGA-PW91, 2×4 five-layer slab, 5×3×1 k-points, energy cutoff of 400eV[1];

② SIESTA code, GGA-PBE, 2×1 twelve-layer slab, 3×4×1 k-points, energy cutoff of 200Ry[2]。

注:"—"表示该物种的吸附位置不明显。

和 O 原子与 Ni(211) 面的两个相邻 Ni 原子相连,吸附位都是 Se-bridge位,相应的吸附能分别为−2.50eV、−1.13eV、−2.11eV 和−0.42eV。HCOH 通过两个 C—Ni 键稳定吸附于 Ni(211) 面的 Se-bridge 位,吸附能为−4.26eV。H_2O 分子以近乎平面的构型平行吸附于 Ni(211) 面的 Se-top 位，吸附能为 $-0.52eV$。CH_3OH 通过 O 原子以倾斜于 Ni(211) 面的 C—O 轴吸附于 Se-top 位，吸附能为 $-0.63eV$。

3.3　Ni（111）和 Ni（211）表面上 CO 甲烷化机理

在合成气制甲烷反应中，合成气（$CO+H_2$）生成 CH_x（$x=1\sim3$）过程起始于 CO 的活化，因此首先研究了 CO 的活化过程。

3.3.1　CO 活化

CO 有 3 种可能的活化方式，分别为 CO 直接解离、氢化生成 HCO 和 COH。书后彩图 3 给出了 Ni(111) 和 Ni(211) 表面上 CO 活化反应的势能图以及反应的起始态、过渡态和末态结构。

（1）Ni(111) 表面

对于 CO 直接解离，反应 R1-1 中，反应物 CO 吸附在 Hcp 位，经过渡态 TS1-1 解离为 C 和 O，在 TS1-1 中，C 和 O 的距离从起始的 1.194Å 伸长到 1.875Å；在末态结构中，C 吸附在 Hcp 位，O 吸附在 Fcc 位，C 和 O 的距离为 3.228Å，该反应的活化能为 3.74eV，反应吸热 1.42eV。

对于 CO 氢化反应，反应 R1-2 中 CO 加氢生成 HCO 需经过渡态 TS1-2，该反应起始构型中 CO 和 H 分别吸附于两个相邻的 Fcc 位，反应中 C 和 H 的距离从初始的 2.696Å 缩短为 TS1-2 的 1.165Å 和末态的 1.112Å，该反应需要克服的活化能垒为 1.38eV，吸热 1.17eV。反应 R1-3 中，CO 可以加氢生成 COH，反应起始共吸附构型等同于 CO+H 生成 HCO 的起始态构型，O 和 H 的距离为 3.160Å，在过渡态 TS1-3 中 O 和 H 的距离缩短为 1.337Å，该反应所需活化能垒为 1.94eV，反应吸热 0.92eV。

（2）Ni(211) 表面

起始吸附于 Ni(211) 面 Se-hcp 位的 CO，C—O 键直接断裂反应 R2-1 所需活化能高达 3.02eV，是动力学不利反应；HCO 生成反应 R2-2 所需的活化能 1.24eV 低于 COH 生成反应 R2-3 所需的活化能

1.88eV，因此，HCO 生成是动力学有利反应；由于 R2-2 和 R2-3 都是吸热反应，且 R2-2 吸热 1.17eV 略大于 R2-3 吸热 1.12eV，因此 CO 加氢生成 HCO 和 COH 都是可能的。

综上，基于 CO 活化结果，在 Ni(111) 和 Ni(211) 面上，CO 加氢可能生成 HCO 和 COH。

3.3.2　Ni(111)表面 CH_4 生成

CH_4 形成通过两种机理：一种是 CO 直接解离，CO 的 C—O 键直接断裂生成 C 和 O 后，C 连续加氢生成 CH_4；另一种是 CO 的 H 辅助解离，CO 活化生成 HCO 或 COH，HCO 加氢生成 CH_xO 或 CH_xOH，COH 加氢生成 CH_xOH，H 助 C—O 键断裂生成 CH_x 和 O 或 CH_x 和 OH，之后 CH_x 连续加氢生成 CH_4，O 或 OH 加氢生成 H_2O。表 3-3 列出了 Ni(111) 表面上两种机理下 CH_4 形成过程所涉及的相关反应能量。Ni(111) 表面上 CO 甲烷化过程所涉及的相关反应的起始态、过渡态和末态结构如书后彩图 4 所示。

（1）起始于 HCO 物种，HCO 可以解离和氢化

反应 R1-4 中，HCO 解离生成 CH 和 O，C 和 O 的距离从 HCO 的 1.294Å 伸长到过渡态 TS1-4 的 1.841Å，该反应的活化能为 1.16eV，反应放热 0.28eV。HCO 氢化能生成 HCOH 或 CH_2O，但共吸附构型 HCO+H 是不一样的。反应 R1-10 中，HCO 加氢生成 HCOH，随着 H 接近 HCO 中的 O 原子，H 和 O 的距离由共吸附态 HCO+H（1）的 2.353Å 缩短到过渡态 TS1-10 的 1.407Å，该反应吸热 0.34eV，需克服的活化能垒为 0.92eV。反应 R1-15 中，HCO 加氢生成 CH_2O，随着 H 接近 HCO 中的 C 原子，H 和 C 的距离由共吸附态 HCO+H(2) 的 2.508Å 缩短到过渡态 TS1-15 的 1.111Å，该反应的活化能为 0.53eV，反应吸热 0.24eV。

① 生成的 HCOH 能够解离和氢化。反应 R1-11 中，HCOH 解离生成 CH 和 OH，C 和 O 的距离从 HCOH 的 1.366Å 伸长到过渡态 TS1-11 的 1.919Å，该反应放热 0.47eV，需克服的活化能垒为 0.79eV。反应 R1-12 中，HCOH 加氢生成 CH_2OH，随着 H 接近 HCOH 中的 C 原子，H 和 C 的距离由共吸附态 HCOH+H 的 2.821Å 缩短到过渡态 TS1-12 的 1.509Å，该反应的活化能为 0.87eV，反应吸热 0.25eV。

表 3-3　Ni(111) 表面上两种机理下 CH₄ 形成过程所涉及的相关反应能量

相关反应		计算结果			文献结果
		活化能 (E_a)/eV	反应热 (ΔE)/eV	过渡态唯一虚频 (v)/cm^{-1}	E_a/eV
CO $\longrightarrow$ C+O	R1-1	3.74	1.42	537i	2.94[1],3.01[2]2.92[6],3.76[7]
CO+H $\longrightarrow$ HCO	R1-2	1.38	1.17	303i	1.48[1],1.35[2],1.49[5],1.55[7]
CO+H $\longrightarrow$ COH	R1-3	1.94	0.92	1558i	1.97[1],1.81[2],1.45[5],2.04[7]
HCO $\longrightarrow$ CH+O	R1-4	1.16	−0.28	515i	1.08[1],1.28[2]
CH+H $\longrightarrow$ CH₂	R1-5	0.74	0.34	754i	0.69[1]
CH₂+H $\longrightarrow$ CH₃	R1-6	0.77	−0.08	747i	0.63[1]
CH₃+H $\longrightarrow$ CH₄	R1-7	0.96	−0.17	1033i	0.90[1]
O+H $\longrightarrow$ OH	R1-8	1.21	0.06	1204i	1.35[1],1.34[8],1.16[2]
OH+H $\longrightarrow$ H₂O	R1-9	1.32	0.30	932i	1.33[1],1.43[8],1.15[2]
HCO+H $\longrightarrow$ HCOH	R1-10	0.92	0.34	1296i	1.14[1],1.06[5]
HCOH $\longrightarrow$ CH+OH	R1-11	0.79	−0.47	302i	0.80[1]
HCOH+H $\longrightarrow$ CH₂OH	R1-12	0.87	0.25	841i	0.90[1]
CH₂OH $\longrightarrow$ CH₂+OH	R1-13	0.85	−0.38	398i	0.60[1]
CH₂OH+H $\longrightarrow$ CH₃OH	R1-14	0.72	−0.27	941i	
HCO+H $\longrightarrow$ CH₂O	R1-15	0.53	0.24	111i	0.74[1],0.81[5],0.67[7]
CH₂O $\longrightarrow$ CH₂+O	R1-16	1.41	−0.16	374i	0.95[1],1.18[8]
CH₂O+H $\longrightarrow$ CH₂OH	R1-17	1.06	0.30	1195i	1.04[1]
CH₂O+H $\longrightarrow$ CH₃O	R1-18	0.65	−0.36	938i	0.64[1],0.42[5]
CH₃O $\longrightarrow$ CH₃+O	R1-19	1.53	−0.04	377i	1.31[1],1.39[8]
CH₃O+H $\longrightarrow$ CH₃OH	R1-20	1.31	0.46	934i	1.38[1],0.61[5]
COH+H $\longrightarrow$ HCOH	R1-21	0.95	0.72	252i	
CH $\longrightarrow$ C+H	R1-22	1.38	0.46	822i	1.33[1],1.32[2],1.40[3],1.38[4]
CO+CO $\longrightarrow$ C+CO₂	R1-23	3.48	2.06	388i	3.52[2],3.38[6]
COH $\longrightarrow$ C+OH	R1-24	2.01	0.66	232i	2.01[1],2.07[2]

注：DFT 方法：

GGA-PBE[1,2]　GGA-RPBE[3~5]　GGA-PW91[6~8]。

① VASP code, GGA-PBE, 3×3 four-layer slab, 3×3×1 k-points, energy cutoff of 400eV[3]；

② STATE code, GGA-PBE, 3×2 three-layer slab, 4×6×1 k-points, energy cutoff of 25Ry[2]；

③ DACAPO code, GGA-RPBE, 2×2 three-layer slab, 6×6×1 k-points, energy cutoff of 340eV[6]；

④ ADF-BAND code, GGA-RPBE, 2×2 three-layer slab, 15 k-points[7]；

⑤ DACAPO code, GGA-RPBE, 2×2 three-layer slab, 5×5×1 k-points, energy cutoff of 25Ry[8]；

⑥ VASP code, GGA-PW91, 3×3 three-layer slab, 5×5×1 k-points, energy cutoff of 500eV[9]；

⑦ VASP code, GGA-PW91, 3×3 four-layer slab, 3×3×1 k-points, energy cutoff of 400eV[10]；

⑧ CASTEP code, GGA-PBE, 3×3 three-layer slab, 3×3×1 k-points, energy cutoff of 340eV[11]。

② 生成的 CH_2O 发生解离和氢化。R1-16 是 CH_2O 解离生成 CH_2 和 O 的反应,C 和 O 的距离从 CH_2O 的 1.385Å 伸长到过渡态 TS1-16 的 2.086Å,该反应的活化能为 1.41eV,反应放热 0.16eV。CH_2O 氢化能生成 CH_2OH 或 CH_3O,但共吸附构型 CH_2O+H 是不一样的。R1-17 是 CH_2O 加氢生成 CH_2OH 的反应,H 和 O 的距离由共吸附态 CH_2O+H(1)的 2.818Å 缩短到过渡态 TS1-17 的 1.415Å,该反应的活化能为 1.06eV,反应吸热 0.30eV。R1-18 是 CH_2O 加氢生成 CH_3O 的反应,随着 H 接近 CH_2O 中的 C 原子,H 和 C 的距离由共吸附态 CH_2O+H(2)的 2.448Å 缩短到过渡态 TS1-18 的 1.542Å,该反应放热 0.36eV,需克服的活化能为 0.65eV。

③ 生成的 CH_2OH 和 CH_3O 都可以发生 C—O 断裂反应。R1-13 是 CH_2OH 解离生成 CH_2 和 OH 的反应,C 和 O 的距离从 CH_2OH 的 1.460Å 伸长到过渡态 TS1-13 的 2.845Å,该反应放热 0.38eV,需克服的活化能为 0.85eV。R1-19 是 CH_3O 解离生成 CH_3 和 O 的反应,C 和 O 的距离从 CH_3O 的 1.439Å 伸长到过渡态 TS1-19 的 2.028Å,该反应放热 0.04eV,需克服的活化能为 1.53eV。

(2) 起始于 COH 物种,COH 经反应 R1-21 氢化为 HCOH

H 和 C 的距离由共吸附态 $COH+H$ 的 2.699Å 缩短到过渡态 TS1-21 的 1.165Å,该反应吸热 0.72eV,需克服的活化能为 0.95eV。由 HCO、HCOH、CH_2O、CH_2OH 和 CH_3O 解离生成的 $CH_x(x=1\sim3)$ 经连续氢化可得到最终产物 CH_4,同时,解离生成的 O 或 OH 发生加氢反应可以生成 H_2O。对于 CH_4 的生成,R1-5 是 CH 加氢生成 CH_2 的反应,H 和 C 的距离由共吸附态 $CH+H$ 的 2.968Å 缩短到过渡态 TS1-5 的 1.674Å,该反应的活化能为 0.74eV,反应吸热 0.34eV。R1-6 是 CH_2 加氢生成 CH_3 的反应,H 和 C 的距离由共吸附态 CH_2+H 的 2.977Å 缩短到过渡态 TS1-6 的 1.806Å,该反应放热 0.08eV,需克服的活化能为 0.77eV。R1-7 是 CH_3 加氢生成 CH_4 的反应,H 和 C 的距离由共吸附态 CH_3+H 的 2.972Å 缩短到过渡态 TS1-7 的 1.619Å,该反应的活化能为 0.96eV,反应放热 0.17eV。对于 H_2O 的生成,R1-8 是 O 加氢生成 OH 的反应,H 和 O 的距离由共吸附态 $O+H$ 的 2.708Å 缩短到过渡态 TS1-8 的 1.343Å,该反应吸热 0.06eV,需克服的活化能为 1.21eV。R1-9 是

OH 加氢生成 H_2O 的反应，H 和 O 的距离由共吸附态 $OH+H$ 的 2.726Å 缩短到过渡态 TS1-9 的 1.539Å，该反应的活化能为 1.32eV，反应吸热 0.30eV。

起始于 CO、HCO 和 COH 物种，生成 CH_4 存在 10 个可能的反应路径。因 CO 中 C—O 键直接断裂所需活化能垒高达 3.74eV，且反应吸热 1.42eV，使得 CO 直接解离不容易发生；另外，尽管 CO 氢化生成 COH 所需能垒 1.94eV，但反应吸热 1.42eV，且 COH 解离成 C 和 OH 所需活化能垒高达 2.01eV，致使总能垒高达 3.43eV，因此通过 COH 解离路径也不考虑。

图 3-5 给出了 Ni(111) 表面上 8 条反应路径 1-1～路径 1-8 的势能图。

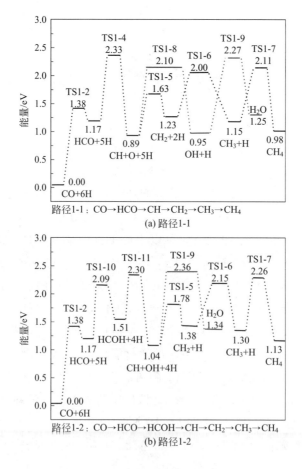

(a) 路径 1-1

(b) 路径 1-2

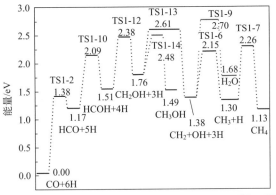

路径1-3: CO→HCO→HCOH→CH₂OH→CH₂→CH₃→CH₄

(c) 路径1-3

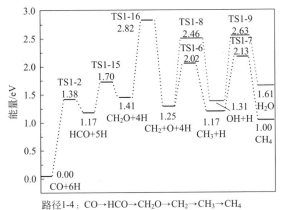

路径1-4: CO→HCO→CH₂O→CH₂→CH₃→CH₄

(d) 路径1-4

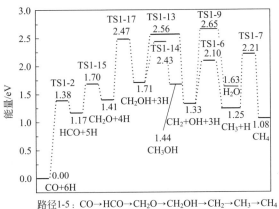

路径1-5: CO→HCO→CH₂O→CH₂OH→CH₂→CH₃→CH₄

(e) 路径1-5

图 3-5

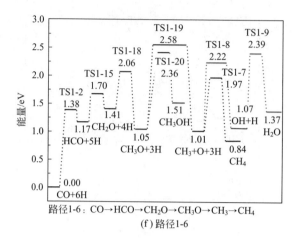

(f) 路径1-6

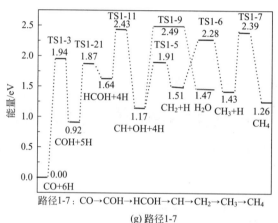

(g) 路径1-7

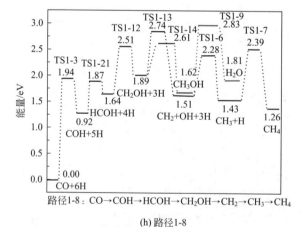

(h) 路径1-8

图 3-5　Ni(111) 表面上 CH₄ 形成路径的势能图

路径 1-1～路径 1-8 对应的总能垒分别为 2.33eV、2.30eV、2.61eV、2.82eV、2.56eV、2.58eV、2.43eV 和 2.74eV；基于总能垒，CH_4 形成的最优路径为路径 1-1 和路径 1-2 $CO \rightarrow HCO$（$HCO \rightarrow HCOH$）$\rightarrow CH \rightarrow CH_2 \rightarrow CH_3 \rightarrow CH_4$，对应的总能垒分别为 2.33eV 和 2.30eV，相应的反应热分别为 0.98eV 和 1.13eV。

3.3.3 Ni（111）表面 CH_3OH 生成对 CH_4 选择性的影响

3.3.2 部分的研究结果表明，路径 1-1 和路径 1-2 是 CH_4 形成的最优路径，对应的总能垒分别为 2.33eV 和 2.30eV，相应的反应热分别为 0.98eV 和 1.13eV。尽管最优路径 1-1 和路径 1-2 $CO \rightarrow HCO$（$HCO \rightarrow HCOH$）$\rightarrow CH \rightarrow CH_2 \rightarrow CH_3 \rightarrow CH_4$ 没有 CH_3OH 产物，但是 CO 甲烷化过程中，生成的中间体 CH_2OH 和 CH_3O 氢化会得到 CH_3OH 副产物。R1-14 是 CH_2OH 加氢生成的 CH_3OH 反应，随着 H 接近 CH_2OH 中的 C 原子，H 和 C 的距离由共吸附态 CH_2OH+H 的 3.141Å 缩短到过渡态 TS1-14 的 1.462Å，该反应放热 0.27eV，需克服的活化能垒为 0.72eV。R1-20 是 CH_3O 加氢生成 CH_3OH 的反应，H 和 O 的距离由共吸附态 CH_3O+H 的 3.013Å 缩短到过渡态 TS1-20 的 1.524Å，该反应的活化能为 1.31eV，反应吸热 0.46eV。

从表 3-3 可知，CH_2OH 和 CH_3O 都可以发生氢化和解离反应，基于反应所需活化能垒，相比解离，CH_2OH 和 CH_3O 更易氢化生成 CH_3OH。从图 3-5 可知，副产物 CH_3OH 形成路径为路径 1-3、路径 1-5、路径 1-6 和路径 1-8，对应的总能垒分别为 2.48eV、2.47eV、2.36eV 和 2.61eV；其中路径 1-6 以相对低的总能垒 2.36eV 为 CH_3OH 形成的最优路径。相比 CH_4 形成的最优路径 1-1 和路径 1-2 所对应的总能垒 2.33eV 和 2.30eV，路径 1-6 与路径 1-1 和路径 1-2 总能垒特别相近，即 CH_3OH 的形成与 CH_4 的形成是竞争的，副产物 CH_3OH 会影响 CH_4 产品的选择性。因此，对于合成甲烷具有高活性的 Ni 催化剂，在其暴露最多的 Ni(111) 面上存在着 CH_4 选择性低的问题。

3.3.4 Ni（211）表面 CH_4 生成

表 3-4 列出了 Ni(211) 表面上 CO 甲烷化过程所涉及的相关反应

能量。

表 3-4 Ni(211) 表面上 CO 甲烷化过程所涉及的相关反应能量

相关反应		活化能 (E_a)/eV	反应热 (ΔE)/eV	过渡态唯一虚频 (v)/cm^{-1}
$CO \longrightarrow C+O$	R2-1	3.02	0.08	395i
$CO+H \longrightarrow HCO$	R2-2	1.24	1.17	304i
$CO+H \longrightarrow COH$	R2-3	1.88	1.12	1537i
$HCO \longrightarrow CH+O$	R2-4	1.27	−0.80	447i
$CH+H \longrightarrow CH_2$	R2-5	0.93	0.59	296i
$CH_2+H \longrightarrow CH_3$	R2-6	0.39	−0.13	823i
$CH_3+H \longrightarrow CH_4$	R2-7	0.81	0.36	863i
$O+H \longrightarrow OH$	R2-8	1.04	−0.10	1092i
$OH+H \longrightarrow H_2O$	R2-9	1.38	0.66	869i
$HCO+H \longrightarrow HCOH$	R2-10	1.16	0.40	1348i
$HCOH \longrightarrow CH+OH$	R2-11	1.12	−1.07	455i
$HCOH+H \longrightarrow CH_2OH$	R2-12	0.46	0.33	173i
$CH_2OH \longrightarrow CH_2+OH$	R2-13	0.27	−0.70	51i
$CH_2OH+H \longrightarrow CH_3OH$	R2-14	0.65	0.20	843i
$HCO+H \longrightarrow CH_2O$	R2-15	0.65	0.34	813i
$CH_2O \longrightarrow CH_2+O$	R2-16	1.01	−0.26	537i
$CH_2O+H \longrightarrow CH_2OH$	R2-17	1.07	0.27	1304i
$CH_2O+H \longrightarrow CH_3O$	R2-18	0.41	−0.09	28i
$CH_3O \longrightarrow CH_3+O$	R2-19	1.25	−0.30	510i
$CH_3O+H \longrightarrow CH_3OH$	R2-20	1.39	0.65	702i
$COH \longrightarrow C+OH$	R2-21	1.10	−0.97	116i
$C+H \longrightarrow CH$	R2-22	0.70	0.35	651i
$COH+H \longrightarrow HCOH$	R2-23	0.76	0.52	160i
$CH_2 \longrightarrow CH+H$	R2-24	0.40	−0.59	281i
$CH \longrightarrow C+H$	R2-25	0.35	−0.35	661i
$CO+CO \longrightarrow C+CO_2$	R2-26	3.70	1.02	268i
$C+C \longrightarrow C_2$	R2-27	1.86	0.42	149i
$C_2+C \longrightarrow C_3$	R2-28	1.54	0.81	422i

注：i 为虚频。

基于 CO 活化所产生的 HCO 和 COH，书后彩图 5 给出了 CH_4

和 H_2O 生成相关反应的起始态、过渡态和末态结构。

（1）起始于 HCO 物种，HCO 可以解离和氢化

经 R2-4 HCO 直接解离为 CH 和 O，在 TS2-4，CH 移向 4-hollow 位，O 留在 Se-bridge 位，C 和 O 的距离为 1.963Å，该反应放热 0.80eV，需克服的活化能垒为 1.27eV。经 R2-10 HCO 氢化为 HCOH，随着 H 靠近 HCO 中的 O 原子，在 TS2-10，H 吸附于 Se-top 位，HCO 连接于 Se-bridge 位，H 和 O 的距离为 1.377Å，该反应的活化能为 1.16eV，吸热为 0.40eV。经 R2-15 HCO 氢化为 CH_2O，随着 H 靠近 HCO 中的 C 原子，在 TS2-15，HCO 连接于 Se-bridge 位，H 与 C 以 1.599Å 的距离连接于同一个 Ni 原子，该反应的活化能为 0.65eV，吸热为 0.34eV。

① 生成的 HCOH 可以解离和氢化。经 R2-11 HCOH 解离为 CH 和 OH，在 TS2-11，CH 移向 4-hollow 位，OH 留在 Se-bridge 位，C 和 O 的距离为 1.868Å，该反应放热 1.07eV，需克服的活化能垒为 1.12eV。经 R2-12 HCOH 氢化为 CH_2OH，在 TS2-12，活化络合物吸附于 Se-bridge 位，C 和 H 的距离 1.136Å 接近 CH_2OH 中 C—H 键长 1.099Å，其构型相似于 CH_2OH，该反应的活化能为 0.46eV，吸热为 0.33eV。

② 生成的 CH_2O 可以解离和氢化。经 R2-16 CH_2O 解离为 CH_2 和 O，在 TS2-16，CH_2 移向 Se-hcp 位，O 留在 Se-bridge 位，C 和 O 的距离为 1.836Å，该反应放热 0.26eV，需克服的活化能垒为 1.01eV。经 R2-17 CH_2O 氢化为 CH_2OH，随着 H 靠近 CH_2O 中的 O 原子，在 R2-17，CH_2O 仍连接于 Se-bridge 位，H 与 O 以 1.374Å 的距离连接于同一个 Ni 原子，该反应的活化能为 1.07eV，吸热为 0.27eV。经 R2-18 CH_2O 氢化为 CH_3O，随着 H 靠近 CH_2O 中的 C 原子，在 R2-18，活化络合物仅通过 O 原子吸附于 Se-top 位，C 和 H 的距离 1.139Å 接近 CH_3O 中 C—H 键长 1.102Å，其构型相似于 CH_3O，该反应的活化能为 0.41eV，放热为 0.09eV。

③ 生成的 CH_2OH 和 CH_3O 都可以发生 C—O 断裂反应。经 R2-13 CH_2OH 解离为 CH_2 和 OH，在 TS2-13 中，活化络合物仅通过 C 原子吸附于 Se-top 位，C 和 O 的距离 1.423Å 接近 CH_2OH 中 C—O 键长 1.467Å，该反应放热 0.70eV，需克服的活化能垒为

0.27eV。经 R2-19 CH_3O 解离为 CH_3 和 O，在 TS2-19，O 留在 Se-bridge 位，CH_3 移向 Se-top 位，C 与 O 以 1.923Å 的距离连接于同一个 Ni 原子，该反应放热 0.30eV，需克服的活化能垒为 1.25eV。

（2）起始于 COH 物种，可以解离和氢化

经 R2-21 COH 解离为 C 和 OH，在 TS2-21，OH 移向 Se-top 位，C 留在 Se-hcp 位，O 与 C 以 2.688Å 的距离连接于同一个 Ni 原子，该反应放热 0.97eV，需克服的活化能垒为 1.10eV。经 R2-23 COH 氢化为 HCOH，在 TS2-23，H 原子离开表面，H 与 C 的距离 1.136Å 接近 HCOH 中 C—H 键长 1.107Å，形成的活化络合物通过 C 原子吸附于 Se-hcp 位，其构型相似于 HCOH，该反应的活化能为 0.76eV，吸热为 0.52eV。

综上，HCO、HCOH、CH_2O、CH_2OH、CH_3O 和 COH 发生 C—O 键断裂反应生成 CH_x（$x=0\sim3$）和 OH_x（$x=0\sim1$），CH_x 和 OH_x 经连续氢化可得到最终产物 CH_4 和 H_2O。

对于 CH_4 的生成，由 COH 解离生成的 C，经 R2-22 C 加氢生成 CH，在 TS2-22，C 留在 4-hollow 位，H 与 C 以 1.448Å 的距离吸附于 Se-bridge 位，该反应吸热 0.35eV，需克服的活化能垒为 0.70eV。经 R2-5 CH 加氢生成 CH_2，在 TS2-5，CH 离开 4-hollow 位，H 与 C 的距离 1.143Å 接近 CH_2 中 C—H 键长 1.104Å，形成的活化络合物通过 C 原子吸附于 Se-hcp 位，其构型相似于 CH_2，该反应的活化能为 0.93eV，吸热为 0.59eV。经 R2-6 CH_2 加氢生成 CH_3，在 TS2-6，CH_2 移向 Se-bridge 位，H 与 C 以 1.782Å 的距离连接于同一个 Ni 原子，该反应放热 0.13eV，需克服的活化能垒为 0.39eV。经 R2-7 CH_3 加氢生成 CH_4，在 TS2-7，CH_3 移向 Se-top 位，H 与 C 以 1.617Å 的距离连接于同一个 Ni 原子，该反应的活化能为 0.81eV，吸热为 0.36eV。

对于 H_2O 的生成，经 R2-8 O 加氢生成 OH，在 TS2-8，O 移向 Se-bridge 位，H 与 O 以 1.514Å 的距离吸附于邻近的 Se-bridge 位，该反应放热 0.10eV，需克服的活化能垒为 1.04eV。经 R2-9 OH 加氢生成 H_2O，在 TS2-9，OH 移向 Se-top 位，H 与 O 以 1.512Å 的距离吸附于邻近的 Se-bridge 位，该反应的活化能为 1.38eV，吸热为 0.66eV。

起始于 HCO 和 COH 物种，图 3-6 给出了 Ni(211) 表面上 9 条反应路径 2-1～路径 2-9 的势能图，相应的总能垒分别为 2.44eV、2.69eV、2.33eV、2.52eV、2.58eV、2.67eV、2.22eV、2.76eV 和 2.24eV；基于总能垒，路径 2-7 和路径 2-9 为 CH_4 形成的最优路径：$CO \rightarrow COH \rightarrow C \rightarrow CH$（$COH \rightarrow HCOH \rightarrow CH_2OH$）$\rightarrow CH_2 \rightarrow CH_3 \rightarrow CH_4$，对应的总能垒分别为 2.22eV 和 2.24eV，相应的反应热分别为 1.32eV 和 1.50eV，关键中间体都是 COH。

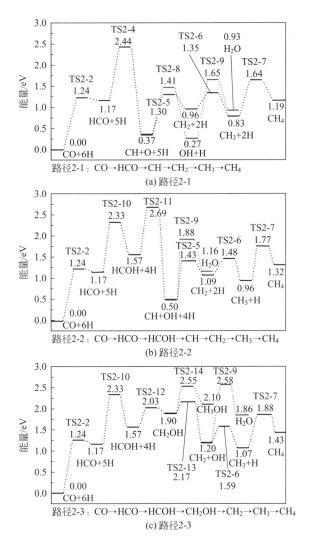

图 3-6

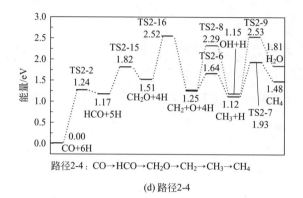

路径2-4：CO→HCO→CH₂O→CH₂→CH₃→CH₄

(d) 路径2-4

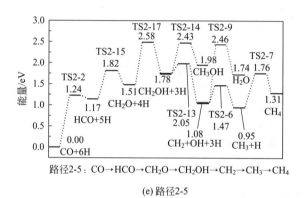

路径2-5：CO→HCO→CH₂O→CH₂OH→CH₂→CH₃→CH₄

(e) 路径2-5

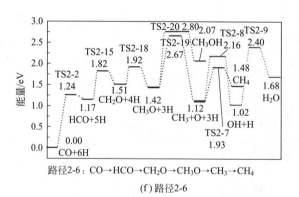

路径2-6：CO→HCO→CH₂O→CH₃O→CH₃→CH₄

(f) 路径2-6

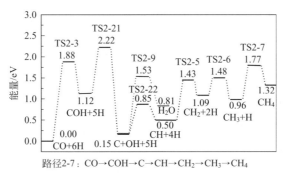

(g) 路径2-7

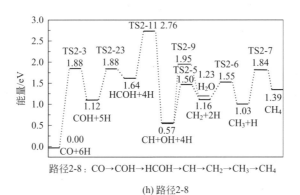

(h) 路径2-8

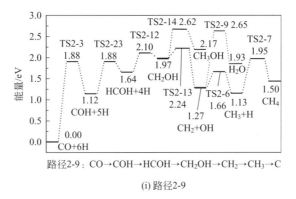

图 3-6   Ni(211) 表面上 CO 甲烷化过程中 CH₄、

H₂O 和 CH₃OH 形成的路径和势能图

3.3.5 Ni（211）表面 CH₃OH 生成对 CH₄ 选择性的影响

CH_4 形 成 过 程 中，中 间 体 CH_2OH 和 CH_3O 加 氢 能 生 成 CH_3OH 副产物，书后彩图 5 给出了 Ni(211) 表面上 CO 甲烷化过程所涉及的相关反应的起始态、过渡态和末态结构。经 R2-14 CH_2OH 氢化为 CH_3OH，在 TS2-14，CH_2OH 仍连接于 Se-bridge 位，H 与 C 以 1.469Å 的 距 离 连 接 于 同 一 个 Ni 原 子，该 反 应 的 活 化 能 为 0.65eV，吸热为 0.20eV。经 R2-20 CH_3O 氢化为 CH_3OH，在 TS2-20，CH_3O 吸附于 Se-top 位，H 倾向于离开表面，移向 CH_3O 中 O 原 子，H 与 O 以 1.520Å 的 距 离 连 接 于 同 一 个 Ni 原 子，该 反 应 的 活 化 能 为 1.39eV，吸热为 0.65eV。

在图 3-6 中，副产物 CH_3OH 的形成路径为路径 2-3、路径 2-5、路 径 2-6 和 路 径 2-9，对 应 的 总 能 垒 分 别 为 2.55eV、2.58eV、2.80eV 和 2.62eV；相比 CH_4 形成的最优路径 2-7 和路径 2-9 所对应的总能垒 2.22eV 和 2.24eV，CH_3OH 的形成是不利的。在 CH_4 形成的最优路径中，路径 2-7 $CO{\rightarrow}COH{\rightarrow}C{\rightarrow}CH{\rightarrow}CH_2{\rightarrow}CH_3{\rightarrow}CH_4$ 不 生 成 CH_3OH 产 物，路 径 2-9 $CO{\rightarrow}COH{\rightarrow}HCOH{\rightarrow}CH_2OH{\rightarrow}$ $CH_2{\rightarrow}CH_3{\rightarrow}CH_4$ 中 CH_2OH 加氢生成 CH_3OH 的能垒大于 C—O 键断裂生成 CH_2 的能垒，即 CH_4 生成优先于 CH_3OH 的生成。因此，在具有 "Ni 缺陷 B5 位" 的 Ni(211) 面上，副产物 CH_3OH 不影响 CH_4 产品的选择性。

3.3.6 Ni（211）表面 CH₄ 生成的 Microkinetic modeling 分析

由 3.3.5 部分可知，在阶梯 Ni(211) 面，CH_2OH 解离优先于氢化，即 CH_4 生成的选择性高于 CH_3OH；然而，在实验条件下 $[P_{CO}=0.25atm（1atm=1.013{\times}10^5Pa，下同）、P_{H_2}=0.75atm 和 T=550{\sim}750K]$，以 Microkinetic modeling 计算 CH_4 和 CH_3OH 的生成速率并以此评估 CH_4 产品的选择性是必要的。

Microkinetic modeling[13] 计算中，假定反应物分子 CO 和 H_2 在 Ni(211) 面的吸附过程是平衡的，其平衡常数由式(3-1) 计算：其中 E_{ads} 是 CO 或 H_2 的吸附能，ΔS 是 CO 或 H_2 的气相熵，ΔS 由标准热力学方程计算。

$$K = \exp\left[-(E_{ads} - T\Delta S)/RT\right] \quad (3\text{-}1)$$

基元反应的速率常数 $k^{[16]}$ 由式(3-2) 计算:其中 k_B 是波尔茨曼常数,T 是绝对温度,q 是配分函数;q_{TS} 和 q_{IS} 由式(3-3) 计算。

$$k = \frac{k_B T}{h}\frac{q_{TS}}{q_{IS}}\exp\left(-\frac{E_a}{k_B T}\right) \quad (3\text{-}2)$$

$$q = 1 \bigg/ \left[\prod_{i=1}^{vibrations} 1 - \exp\left(-\frac{h v_i}{k_B T}\right)\right] \quad (3\text{-}3)$$

在 $T = 550 \sim 750K$ 下,CH_4 生成所涉及基元反应的速率常数 k 如表 3-5 所列。

反应中间体 HCO、COH、HCOH、CH_2O、CH_2OH、CH_3O、C、CH、CH_2、CH_3、O 和 OH 在 Ni(211) 表面是化学吸附,平衡浓度运用介稳态近似法处理,假定这些表面物种在反应过程中的生成速率与消耗速率相等;其覆盖度 θ_x(x 代表表面物种) 由式(3-4)~式(3-15) 表示。

HCO:

$$\frac{d\theta_{HCO}}{dt} = k_2 \theta_{CO}\theta_H - k_4 \theta_{HCO}\theta^* - k_{10}\theta_{HCO}\theta_H - k_{15}\theta_{HCO}\theta_H = 0$$

$$\theta_{HCO} = \frac{k_2}{\dfrac{k_4}{K_{H_2}^{1/2} P_{H_2}^{1/2}} + k_{10} + k_{15}}\theta_{CO} \quad (3\text{-}4)$$

COH:

$$\frac{d\theta_{COH}}{dt} = k_3 \theta_{CO}\theta_H - k_{21}\theta_{COH}\theta^* - k_{23}\theta_{COH}\theta_H = 0$$

$$\theta_{COH} = \frac{k_3}{\dfrac{k_{21}}{K_{H_2}^{1/2} P_{H_2}^{1/2}} + k_{23}}\theta_{CO} \quad (3\text{-}5)$$

HCOH:

$$\frac{d\theta_{HCOH}}{dt} = k_{10}\theta_{HCO}\theta_H - k_{11}\theta_{HCOH}\theta^* - k_{12}\theta_{HCOH}\theta_H + k_{23}\theta_{COH}\theta_H = 0$$

$$\theta_{HCOH} = \frac{k_{10}\theta_{HCO} + k_{23}\theta_{COH}}{\dfrac{k_{11}}{K_{H_2}^{1/2} P_{H_2}^{1/2}} + k_{12}} \quad (3\text{-}6)$$

表 3-5 Ni(211) 表面上不同温度下 CO 甲烷化过程所涉及基元反应的速率常数 k 单位：s^{-1}

基元反应	k	速率常数 k								
		550K	575K	600K	625K	650K	675K	700K	725K	750K
R2-2 $CO(g)+* \longrightarrow CO^*$	k_2	1.85×10^2	6.09×10^2	1.82×10^3	4.97×10^3	1.26×10^4	2.99×10^4	6.66×10^4	1.41×10^5	2.83×10^5
R2-3 $H_2(g)+2* \longrightarrow 2H^*$	k_3	6.86×10^{-5}	4.00×10^{-4}	2.02×10^{-3}	8.94×10^{-3}	3.54×10^{-2}	1.27×10^{-1}	4.15×10^{-1}	1.25	3.51
R2-4 $CO^*+H^* \longrightarrow HCO^*+*$	k_4	8.72	2.91×10	8.81×10	2.45×10^2	6.29×10^2	1.51×10^3	3.42×10^3	7.32×10^3	1.50×10^4
R2-5 $CO^*+H^* \longrightarrow COH^*+*$	k_5	1.31×10^5	3.30×10^5	7.72×10^5	1.69×10^6	3.49×10^6	6.83×10^6	1.28×10^7	2.28×10^7	3.94×10^7
R2-6 $HCO^*+* \longrightarrow CH^*+O^*$	k_6	3.03×10^9	4.47×10^9	6.38×10^9	8.88×10^9	1.20×10^{10}	1.60×10^{10}	2.08×10^{10}	2.67×10^{10}	3.36×10^{10}
R2-7 $CH^*+H^* \longrightarrow CH_2^*+*$	k_7	1.05×10^7	2.37×10^7	4.99×10^7	9.92×10^7	1.87×10^8	3.37×10^8	5.84×10^8	9.73×10^8	1.57×10^9
R2-8 $CH_2^*+H^* \longrightarrow CH_3^*+*$	k_8	3.76×10^3	1.03×10^4	2.58×10^4	6.03×10^4	1.32×10^5	2.74×10^5	5.40×10^5	1.02×10^6	1.84×10^6
R2-9 $CH_3^*+H^* \longrightarrow CH_4^*+*$	k_9	1.18×10	4.48×10	1.53×10^2	4.74×10^2	1.35×10^3	3.55×10^3	8.76×10^3	2.03×10^4	4.46×10^4
R2-10 $O^*+H^* \longrightarrow OH^*+*$	k_{10}	3.24×10^2	9.86×10^2	2.74×10^3	7.03×10^3	1.68×10^4	3.77×10^4	7.98×10^4	1.61×10^5	3.10×10^5
R2-11 $OH^*+H^* \longrightarrow H_2O^*+*$	k_{11}	5.76×10^2	1.71×10^3	4.63×10^3	1.16×10^4	2.73×10^4	6.03×10^4	1.26×10^5	2.51×10^5	4.78×10^5
R2-12 $HCO^*+H^* \longrightarrow HCOH^*+*$	k_{12}	7.80×10^8	1.25×10^9	1.92×10^9	2.87×10^9	4.14×10^9	5.84×10^9	8.02×10^9	1.08×10^{10}	1.42×10^{10}
R2-13 $HCOH^*+* \longrightarrow CH^*+OH^*$	k_{13}	1.45×10^{11}	1.95×10^{11}	2.58×10^{11}	3.33×10^{11}	4.22×10^{11}	5.26×10^{11}	6.47×10^{11}	7.86×10^{11}	9.43×10^{11}
R2-14 $HCOH^*+H^* \longrightarrow CH_2OH^*+*$	k_{14}	2.99×10^6	5.62×10^6	1.01×10^7	1.72×10^7	2.82×10^7	4.47×10^7	6.86×10^7	1.02×10^8	1.49×10^8
R2-15 $CH_2OH^*+* \longrightarrow CH_2^*+OH^*$	k_{15}	1.00×10^7	1.90×10^7	3.43×10^7	5.91×10^7	9.77×10^7	1.56×10^8	2.40×10^8	3.61×10^8	5.27×10^8
R2-16 $CH_2OH^*+H^* \longrightarrow CH_3OH^*+*$	k_{16}	5.20×10^2	1.36×10^3	3.29×10^3	7.45×10^3	1.58×10^4	3.19×10^4	6.13×10^4	1.13×10^5	1.99×10^5
R2-17 $HCO^*+H^* \longrightarrow CH_2O^*+*$	k_{17}	4.00×10^3	1.12×10^4	2.86×10^4	6.81×10^4	1.52×10^5	3.19×10^5	6.36×10^5	1.21×10^6	2.21×10^6
R2-18 $CH_2O^*+* \longrightarrow CH_2^*+O^*$	k_{18}	1.35×10^{10}	2.06×10^{10}	3.05×10^{10}	4.36×10^{10}	6.07×10^{10}	8.26×10^{10}	1.10×10^{11}	1.43×10^{11}	1.84×10^{11}
R2-19 $CH_2O^*+H^* \longrightarrow CH_3O^*+*$	k_{19}	3.28×10	1.10×10^2	3.34×10^2	9.31×10^2	2.41×10^3	5.81×10^3	1.32×10^4	2.84×10^4	5.82×10^4
R2-20 $CH_3O^*+* \longrightarrow CH_3^*+O^*$	k_{20}	1.69×10	6.50×10	2.23×10^2	6.97×10^2	2.00×10^3	5.31×10^3	1.32×10^4	3.07×10^4	6.79×10^4
R2-21 $CH_3O^*+H^* \longrightarrow CH_3OH^*+*$	k_{21}	1.14×10^4	3.32×10^4	8.86×10^4	2.19×10^5	5.07×10^5	1.10×10^6	2.28×10^6	4.48×10^6	8.43×10^6
R2-22 $COH^*+* \longrightarrow C^*+OH^*$	k_{22}	4.40×10^6	8.75×10^6	1.65×10^7	2.95×10^7	5.06×10^7	8.36×10^7	1.33×10^8	2.06×10^8	3.10×10^8
R2-23 $COH^*+H^* \longrightarrow HCOH^*+*$	k_{23}	5.92×10^6	1.26×10^7	2.52×10^7	4.76×10^7	8.59×10^7	1.48×10^8	2.47×10^8	3.96×10^8	6.18×10^8

CH_2O：

$$\frac{d\theta_{CH_2O}}{dt}=k_{15}\theta_{HCO}\theta_H-k_{16}\theta_{CH_2O}\theta^*-k_{17}\theta_{CH_2O}\theta_H-k_{18}\theta_{CH_2O}\theta_H=0$$

$$\theta_{CH_2O}=\frac{k_{15}}{\dfrac{k_{16}}{K_{H_2}^{1/2}P_{H_2}^{1/2}}+k_{17}+k_{18}}\theta_{HCO} \qquad (3-7)$$

CH_2OH：

$$\frac{d\theta_{CH_2OH}}{dt}=k_{12}\theta_{HCOH}\theta_H-k_{13}\theta_{CH_2OH}\theta^*-k_{14}\theta_{CH_2OH}\theta_H+k_{17}\theta_{CH_2O}\theta_H=0$$

$$\theta_{CH_2OH}=\frac{k_{12}\theta_{HCOH}+k_{17}\theta_{CH_2O}}{\dfrac{k_{13}}{K_{H_2}^{1/2}P_{H_2}^{1/2}}+k_{14}} \qquad (3-8)$$

CH_3O：

$$\frac{d\theta_{CH_3O}}{dt}=k_{18}\theta_{CH_2O}\theta_H-k_{19}\theta_{CH_3O}\theta^*-k_{20}\theta_{CH_3O}\theta_H=0$$

$$\theta_{CH_3O}=\frac{k_{18}}{\dfrac{k_{19}}{K_{H_2}^{1/2}P_{H_2}^{1/2}}+k_{20}}\theta_{CH_2O} \qquad (3-9)$$

C：

$$\frac{d\theta_C}{dt}=k_{21}\theta_{COH}\theta^*-k_{22}\theta_C\theta_H=0$$

$$\theta_C=\frac{k_{21}}{k_{22}K_{H_2}^{1/2}P_{H_2}^{1/2}}\theta_{COH} \qquad (3-10)$$

CH：

$$\frac{d\theta_{CH}}{dt}=k_4\theta_{HCO}\theta^*-k_5\theta_{CH}\theta_H+k_{11}\theta_{HCOH}\theta^*+k_{22}\theta_C\theta_H=0$$

$$\theta_{CH}=\frac{k_4}{k_5K_{H_2}^{1/2}P_{H_2}^{1/2}}\theta_{HCO}+\frac{k_{11}}{k_5K_{H_2}^{1/2}P_{H_2}^{1/2}}\theta_{HCOH}+\frac{k_{22}}{k_5}\theta_C \qquad (3-11)$$

CH_2：

$$\frac{d\theta_{CH_2}}{dt}=k_5\theta_{CH}\theta_H-k_6\theta_{CH_2}\theta_H+k_{13}\theta_{CH_2OH}\theta^*+k_{16}\theta_{CH_2O}\theta^*=0$$

$$\theta_{CH_2}=\frac{k_5}{k_6}\theta_{CH}+\frac{k_{13}}{k_6K_{H_2}^{1/2}P_{H_2}^{1/2}}\theta_{CH_2OH}+\frac{k_{16}}{k_6K_{H_2}^{1/2}P_{H_2}^{1/2}}\theta_{CH_2O} \qquad (3-12)$$

CH_3：

$$\frac{d\theta_{CH_3}}{dt}=k_6\theta_{CH_2}\theta_H-k_7\theta_{CH_3}\theta_H+k_{19}\theta_{CH_3O}\theta^*=0$$

$$\theta_{CH_3}=\frac{k_6}{k_7}\theta_{CH_2}+\frac{k_{19}}{k_7K_{H_2}^{1/2}P_{H_2}^{1/2}}\theta_{CH_3O} \tag{3-13}$$

O：

$$\frac{d\theta_O}{dt}=k_4\theta_{HCO}\theta^*-k_8\theta_O\theta_H+k_{16}\theta_{CH_2O}\theta^*+k_{19}\theta_{CH_3O}\theta^*=0$$

$$\theta_O=\frac{k_4\theta_{HCO}+k_{16}\theta_{CH_2O}+k_{19}\theta_{CH_3O}}{k_8K_{H_2}^{1/2}P_{H_2}^{1/2}} \tag{3-14}$$

OH：

$$\frac{d\theta_{OH}}{dt}=k_8\theta_O\theta_H-k_9\theta_{OH}\theta_H+k_{11}\theta_{HCOH}\theta^*+k_{13}\theta_{CH_2OH}\theta^*+k_{21}\theta_{COH}\theta^*=0$$

$$\theta_{OH}=\frac{k_8K_{H_2}^{1/2}P_{H_2}^{1/2}\theta_O+k_{11}\theta_{HCOH}+k_{13}\theta_{CH_2OH}+k_{21}\theta_{COH}}{k_9K_{H_2}^{1/2}P_{H_2}^{1/2}} \tag{3-15}$$

式中，θ_{CO} 和 θ_H 分别由式（3-16）和式（3-17）计算；平衡空位覆盖度 θ^* 由式（3-18）计算。

CO：
$$\theta_{CO}=K_{CO}P_{CO}\theta^* \tag{3-16}$$

H_2：
$$\theta_H=K_{H_2}^{1/2}P_{H_2}^{1/2}\theta^* \tag{3-17}$$

θ^*：

$$\theta_{CO}+\theta_H+\theta_{HCO}+\theta_{COH}+\theta_{HCOH}+\theta_{CH_2O}+\theta_{CH_2OH}+$$
$$\theta_{CH_3O}+\theta_C+\theta_{CH}+\theta_{CH_2}+\theta_{CH_3}+\theta_O+\theta_{OH}+\theta^*=1 \tag{3-18}$$

联合式（3-4）～式（3-18）可得表面空位覆盖度 θ^* 和表面中间体物种覆盖度 θ_x。

产物 CH_4 在 Ni(211) 表面是物理吸附，一经生成，随即脱附；根据表 3-5 中基元反应的速率常数 k_i，CH_4 和 CH_3OH 的生成速率 r_{CH_4} 和 r_{CH_3OH} 分别由式（3-19）和式（3-20）计算：

CH_4：
$$r_{CH_4}=k_7\theta_{CH_3}\theta_H/\theta^* \tag{3-19}$$

CH_3OH：
$$r_{CH_3OH}=k_{14}\theta_{CH_2OH}\theta_H+k_{20}\theta_{CH_3O}\theta_H \tag{3-20}$$

表 3-6 给出了 550～750K 下 CH$_4$ 和 CH$_3$OH 的生成速率。

表 3-6　Ni(211) 表面上 CO 甲烷化过程中不同温度下 CH$_4$ 和

CH$_3$OH 的生成速率 r　　　　　　单位：s^{-1}·site^{-1}

温度 T/K	速率	
	r(CH$_4$)	r(CH$_3$OH)
550	3.04×10^{-2}	8.59×10^{-3}
575	6.81×10^{-1}	1.92×10^{-1}
600	1.19×10	3.25
625	1.60×10^{2}	4.01×10
650	1.55×10^{3}	3.09×10^{2}
675	9.55×10^{3}	1.12×10^{3}
700	3.67×10^{4}	1.85×10^{3}
725	1.04×10^{5}	1.90×10^{3}
750	2.52×10^{5}	1.62×10^{3}

由表 3-6 可知，反应速率 r 随着温度升高而增大；在同一温度下，CH$_4$ 生成速率 r(CH$_4$) 大于 CH$_3$OH 的生成速率 r(CH$_3$OH)，表明 CO 甲烷化过程中 CH$_4$ 的产率大于 CH$_3$OH 的产率。同时，CH$_4$ 和 CH$_3$OH 的相对选择性 S_{CH_4} 和 S_{CH_3OH} 由 $r_i/(r_{CH_4}+r_{CH_3OH})$ 而得；在图 3-7 中，CO 甲烷化温度 550～750K 内，S_{CH_4} 随着温度升高而增大，从 78% 逐渐增大到 99%，而 S_{CH_3OH} 的变化趋势与 S_{CH_4} 相反，随着温度升高 S_{CH_3OH} 明显降低，表明 CO 甲烷过程中 CH$_4$ 的选择性大于 CH$_3$OH 的选择性；即具有"Ni 缺陷 B5 位"的阶梯 Ni(211) 面对 CH$_4$ 的生成有利。

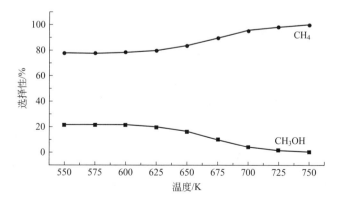

图 3-7　Ni(211) 表面上 CO 甲烷化过程中 CH$_4$ 和 CH$_3$OH 的相对选择性

3.3.7　阶梯 Ni（211）表面对 CH$_4$ 生成活性和选择性的影响

由 3.3.2 和 3.3.4 部分结果可知，Ni(111) 表面 CH$_4$ 形成的最优路径为 CO→HCO(HCO→HCOH) →CH→CH$_2$→CH$_3$→CH$_4$，对应的总能垒分别为 2.33eV 和 2.30eV。Ni(211) 表面上 CH$_4$ 形成的最优路径为 CO→COH→C→CH （COH→HCOH→CH$_2$OH） →CH$_2$→CH$_3$→CH$_4$，对应的总能垒分别为 2.22eV 和 2.24eV。基于总能垒，相比 Ni(111) 面，Ni(211) 面 CH$_4$ 形成的总能垒降低仅 0.1eV，其 CH$_4$ 生成活性仅微弱提高。Andersson 等[13] 和 Lausche 等[17] 研究阶梯 Ni(211) 面上的 CO 甲烷化机理，得出一致的结论：COH 是 CO 甲烷化的关键中间体，具有 "Ni 缺陷 B5 位" 的阶梯 Ni(211) 面上，COH 直接解离或加氢解离是 CH$_4$ 形成的最佳路径。

对于 CH$_4$ 选择性，针对 CH$_3$OH 副产物，Ni(111) 表面以 2.36eV 的总能垒经路径 CO→HCO→CH$_2$O→CH$_3$O→CH$_3$OH 生成 CH$_3$OH；基于总能垒，副产物 CH$_3$OH 的形成与 CH$_4$ 是竞争的；且 CH$_3$OH 生成的中间体 CH$_3$O 氢化能垒低于 C—O 键断裂生成 CH$_3$ 的能垒；因此，对于 CO 甲烷化具有高活性的 Ni 催化剂，在其暴露最多的 Ni(111) 面上存在着产品 CH$_4$ 选择性低的问题。阶梯 Ni(211)面存在于 Ni 催化剂颗粒占比较小的边、角、棱处，也是相关 C—H、O—H 成键和 C—O 断键基元反应发生的主要活性位，副产物 CH$_3$OH 以 2.55eV 的总能垒经路径 CO→ HCO→ HCOH→ CH$_2$OH→CH$_3$OH 生成；基于总能垒，CH$_3$OH 的形成是不利的。且中间体 CH$_2$OH 加氢生成 CH$_3$OH 的能垒高于 C—O 键断裂生成 CH$_2$ 的能垒；并以 Microkinetic modeling 在实验条件下 （P_{CO} = 0.25atm、P_{H_2} = 0.75atm 和 T = 550～750K） （1atm = 1.01325 × 10^{5}Pa，下同） 评估 CH$_4$ 产品的选择性，结果表明，在同一温度下，CH$_4$ 的生成速率和相对选择性明显优于 CH$_3$OH；因此，DFT 计算和微观动力学均表明，Ni 晶粒中占比较小、配位不饱和的阶梯 Ni(211) 面具有 CH$_4$ 产品高选择性的优势。

3.4　Ni（111）和 Ni（211）表面上 C 形成机理

尽管 Ni 催化剂对 CO 甲烷化具有良好的催化活性，CO 甲烷化过程中生成的 C 会沉积在 Ni 催化剂表面,覆盖活性位,阻塞催化剂载体的孔道,增大催化床层阻力并导致催化剂失活。因此,研究表面 C 形成机理,为减少积炭和提高催化剂稳定性提供理论依据,对金属 Ni 发挥高活性和高选择性的催化剂特性至关重要。

3.4.1　Ni(111)表面上 C—O 和 C—H 键断裂反应

经研究,表面 C 的形成来源于 C—O 和 C—H 键断裂反应[18],即 CO 和 COH 的直接解离、CO 歧化以及 CH 的解离反应。表 3-3 列出了 Ni(111) 表面上的 C 生成反应:CO→C+O(R1-1),CH→C +H(R1-22),CO+CO→CO_2+C(R1-23) 和 COH→C+OH(R1-24),书后彩图 6 给出了 Ni(111) 表面上起始 CO 经 C—O 和 C—H 键断裂导致 C 形成的路径、势能图以及相关反应的起始态、过渡态和终态结构。

在 Ni(111) 表面上,CO 直接解离和 CO 歧化都是吸热的,反应热分别为 1.42eV 和 2.06eV,对应的活化能分别高达 3.74eV 和 3.48eV;由于高的活化能垒,CO 直接解离和歧化反应在 Ni(111) 表面上几乎不可能发生。相比 CO 的 C—O 键直接断裂反应,H 助 C—O 键断裂,即 COH 解离反应要容易得多;COH 的 C—O 键断裂反应所需的活化能较低,为 2.01eV,该反应吸热 0.66eV。CH 的 C—H 键断裂反应在 Ni(111) 表面上也是吸热的,对应的反应热为 0.46eV,需克服的活化能为 1.38eV。

在书后彩图 6 中,除了 CO 直接解离、COH 解离(H 助 CO 解离)和 CO 歧化所致的 C—O 键断裂反应外,CH_4 形成最优路径中 CH 直接解离所致的 C—H 键断裂反应也可以导致 C 形成。Ni(111) 表面上 CH_4 形成的最优路径为路径 1-1 和路径 1-2,即 CO→HCO (HCO→HCOH) →CH→CH_2→CH_3→CH_4,与路径 1-1 和路径 1-2 对应的 C 形成路径是 CO→HCO(HCO→HCOH)→CH→C;由此可知,CH_4 和 C 形成存在共同的中间体 CH;CH 逐步氢化可生成 CH_4,CH 解离可导致 C 形成。由表 3-3 可知,CH 加氢生成 CH_2 所需的活化能和反应热分别为 0.74eV 和 0.34eV,而 CH 解离生成 C 所需的活化能和反应热分别为 1.38eV 和 0.46eV;因此,从热力学和动力学两方面考虑,CH 加氢都比 CH 解离容易进行,即 CH_4 形成优先于 C 形成，CH_4 是主要的产品。

总之，在 Ni(111) 表面上，尽管 CH_4 形成的选择性较低，但庆幸的是，经 CO 的 C—O 键和 CH 的 C—H 键断裂所致的 C 形成是不容易的，Ni(111) 表面不容易发生积炭。平台 Ni(111) 面是因对水煤气反应中 C—O 断键活性低免于积炭而导致的失活[3]。

但由于甲烷化反应的强放热特性，基于表面 C 形成所需总能垒，相比书后彩图 6 中 CO 直接解离、COH 解离（H 助 CO 解离）和 CO 歧化所致的 C—O 键断裂反应，由 CH_4 形成最优路径中 CH 解离所致的 C 形成稍微容易些。因此，实验中 Ni 催化剂表面上的少量的积炭应是 CH 的热解所致。

3.4.2　Ni（111）表面不积炭的原因

由表 3-3 可知，CO 加氢生成 HCO 所需的活化能 1.38eV 远低于 CO 解离生成 C＋O 所需的活化能 3.74eV，相似的，CH 加氢生成 CH_2 所需的活化能 0.74eV 远低于 CH 解离生成 C＋H 所需的活化能 1.38eV，由此可知，CO 和 CH 的氢化优于解离，氢化所生成的 HCO 和 CH_2 最终将促进 CH_4 产品的生成，不容易发生的 C—O 和 C—H 断键反应最终将抑制表面 C 的生成。图 3-8 给出了 CO 和 CH 氢化与解离反应所涉及的关键物种 CH、C＋H、CH_2、CO、C＋O、HCO 在 Ni(111) 表面上的投影分波态密度（pDOS）。

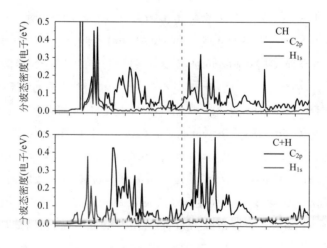

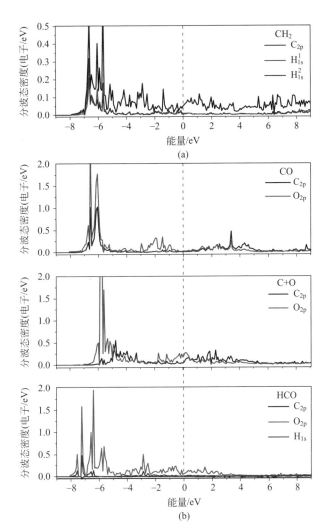

图 3-8　CO 和 CH 氢化与解离反应所涉及的关键物种 CH、C+H、CH$_2$、CO、

C+O、HCO 在 Ni(111) 表面上的投影分波态密度

从图 3-8 可以看出,对于 CH,仅 C$_{2p}$ 轨道与 Ni 相互作用并接受电子,没有电子转移到 C—H 反键轨道,C—H 键没有被弱化;然而,C$_{2p}$ 轨道接受了 Ni 原子转移的电子后,C 原子负电荷明显增加,这进一步加强了其对带正电荷的氢的吸引力,结果,CH 加氢比解离容易。相似的,对于 CO,C$_{2p}$ 轨道接受了表面 Ni 转移的电子后,C 原子负电性增强,加强了其对正电荷的氢的吸引力,这样,相比 C—O 键直接解离而言 CO 更容易氢化生成 HCO。

从分波态密度图上可以看出，吸附态 HCO 和 CH$_2$ 中的 C$_{2p}$ 电子移到了低能区，表明 C$_{2p}$ 与 Ni 形成了新的覆盖区，相比气相分子 HCO 和 CH$_2$，吸附态 HCO 和 CH$_2$ 中的 C—O 和 C—H 键被轻微的活化。当 HCO 和 CH$_2$ 被吸附在 Ni 表面上时，C$_{2p}$ 与 H$_{1s}$ 间存在着较大重叠，表明 C—H 相互作用主要来自 C$_{2p}$ 与 H$_{1s}$ 轨道间的杂化。同时，相比 CO 和 CH 中的 C$_{2p}$ 电子，HCO 和 CH$_2$ 中 C 原子的 p 轨道电子有明显下移，表明 C 原子的 p 轨道与邻近 H 原子发生了杂化，从而稳定了 HCO 和 CH$_2$ 中 C 原子，下移的 C$_{2p}$ 远离了费米能级。因此 CO 和 CH 优先被氢化成 HCO 和 CH$_2$，而不是被解离生成表面 C。

为了进一步佐证这一结论，表 3-7 给出了 Ni(111) 表面 CO 和 CH 氢化与解离反应所涉及的关键物种 CO、HCO、C+O、CH+H、CH$_2$ 以及 C+H 与 Ni 原子成键的荷电量。CO 氢化成 HCO 所需转运的总电荷为由 0.62e 到 0.44e，而 CO 解离生成 C+O 所需转运的总电荷为由 0.36e 到 1.38e，由此可见，CO 氢化所需转运的电荷量小于 CO 解离，因此 CO 氢化易于解离。同样，CH 氢化成 CH$_2$ 所需转运的总电荷为由 0.66e 到 0.43e，而 CH 解离成 C+H 所需转运的总电荷为由 0.41e 到 0.80e，相比而言，CH 氢化所需转运的电荷量小于 CH 解离，表明 CH 氢化易于解离。

表 3-7　Ni(111) 表面 CO 和 CH 氢化与解离反应所涉及的关键物种的荷电量

基元反应	CO→C+O		CO+H→HCO		CH→C+H		CH+H→CH$_2$	
物种	CO	C+O	CO+H	HCO	CH	C+H	CH+H	CH$_2$
电荷(q)/e	C(2.52)	C(4.54)	C(2.52)	C(2.96)	C(4.59)	C(4.55)	C(4.53)	C(4.61)
	O(7.84)	O(6.84)	O(7.87)	O(7.60)	H(0.82)	H(1.25)	H(0.89)	H(0.97)
			H(1.23)	H(0.88)			H(1.24)	H(0.85)
总电荷/e	0.36	1.38	0.62	0.44	0.41	0.80	0.66	0.43

3.4.3　Ni(211) 表面上 C 生成

合成气甲烷化实验表明，积炭发生在 Ni 催化剂颗粒的边、角、棱处，表面褶皱区既是 CH$_4$ 形成的活性位，亦是表面 C 形成和聚集而致其失活的位置[13]，因此，研究阶梯 Ni(211) 面上 C 形成机理，获得表面 C 形成的微观来源；并以 C 成核和 C 消除反应模拟 C 沉积和 C 消除对 Ni(211) 面上积炭的影响。Ni(211) 面上表面 C 的形成按照来源分为 C—O 和 C—H 断键反应，文后彩图 7 给出了 Ni(211) 面上 C 形成的路径、势能图及 C 形成相关反应的起始态、过渡态和末态结构。

　　CH_2 热解在 Ni(211) 面上经 R2-24 生成 CH，CH 经 R2-25 发生 C—H 键断裂生成 C；因 CH_2 顺序解离生成 C 是 C 顺序加氢生成 CH_2 的逆反应，所以 CH_2 逐步热解为 C 的过渡态与 C 逐步氢化为 CH_2 的过渡态是相同的，即 TS2-24 和 TS2-25 分别与 TS2-5 和 TS2-22 一致。CO 歧化在 Ni(211) 面上经 R2-26 生成 C；在 TS2-26，已断裂的 C—O 距离为 2.204Å，解离的 C 吸附于 Se-bridge位，要形成的 C—O 键长为 1.238Å，CO_2 以 "V" 形经 C 和 O 原子吸附于 Se-bridge位；该反应吸热 1.02eV，活化能为 3.70eV。

　　在书后彩图 7 中，Ni(211) 表面上 CO 直接解离、CO 歧化、COH 解离和 CH_4 生成最优路径 1-9 CO→COH→HCOH→CH_2OH→CH_2→CH_3→CH_4 导致表面 C 形成所需的总能垒分别为 3.02eV、3.70eV、2.22eV 和 2.24eV，由此可知，Ni(211) 面上导致表面 C 形成的反应是 COH 解离和 CH_4 生成最优路径中 CH_2 的热解。相比 Ni(111) 面，阶梯 Ni(211) 面对 CH_x 的解离具有较高的反应性[1]。相关 C—H、C—C 和 C—O 键的断裂和形成，Rh(211) 阶梯位均优先于 Rh(111)[15]，CO 甲烷化是结构敏感反应。

　　由书后彩图 7 可知，在 Ni(211) 面上 CH_4 生成的最优路径 2-9 中，存在 CH_4 和 C 形成的共同中间体 CH_2，CH_2 经 TS2-6 径氢化为 CH_3，经 TS2-13，TS2-24，TS2-25 路径解离为 CH。Ni(211) 面上 CH_2 氢化与解离的能垒近乎相等，CH_4 与 C 的生成是竞争的，由此可知，伴随 CH_4 的生成，Ni(211) 面上有大量表面 C 的生成。

3.4.4　Ni(211) 表面上 C 成核和 C 消除

　　CO 甲烷化是强放热反应，在高温下，Ni(211) 面上生成的表面 C 会聚集而沉积；但是，CO 甲烷化过程中存在丰富的 H，还原性的 H 会将表面 C 氢化而去除；以 C+C ⟶ C_2(R2-27)、C+C_2 ⟶ C_3 (R2-28)和 C+H ⟶ CH(R2-22)反应模拟 Ni(211) 表面上的 C 成核和 C 消除，表 3-4 给出了这些基元反应的活化能和热量；书后彩图 8

给出了其相应的始态、过渡态和末态结构。

在 Ni(211) 面上，表面 C 分别经 TS2-27 和 TS2-28 聚集生成 C_2 和 C_3。在 R2-27 中，吸附于两个相邻 4-hollow 位的 C 原子相互靠近，C—C 距离由共吸附的 2.746Å 缩小为 TS2-27 的 1.338Å；聚集生成的 C_2 物种以 $-8.14eV$ 的吸附能吸附于 Ni(211) 面的下台阶，C—C 链沿 Ni(111) 方向伸展，C—C 键为 1.423Å；该反应的活化能为 1.86eV，吸热为 0.42eV。在 R2-28 中，吸附于 4-hollow 位 C 原子向 C_2 中 Ni(111) 方向的 C 靠近，C—C 距离由共吸附的 3.195Å 缩小为 TS2-28 的 1.961Å；聚集生成的 C_3 物种 C—C 键为 1.384Å，C—C—C 链沿 Ni(111) 方向呈环形，吸附能为 $-6.81eV$；该反应的活化能为 1.54eV，吸热为 0.81eV。

由书后彩图 8 可知，在 Ni(211) 面上，表面 C 聚集生成 C_2 所需能垒比 C 加氢生成 CH 能垒高 1.16eV，且 C_3 生成较 C_2 生成所需能垒更高；因此，相比 C 聚集生成 C_2 和 C_3，表面 C 优先被氢化成 CH。Chen 等[20]研究两个分离的 C 原子生成 C_2 物种所需能垒高达 1.89eV，且反应吸热 0.63eV，结果表明在还原性 H 存在下，积炭不会发生，这与 Sehested 等[21]研究 CO 甲烷化的动力学结果一致：高 H_2/CO 为 CO 的吸附提供足够的活性位，并促进 CO 和 H_2 反应生成 CH_4；随着 H_2/CO 的增加，CO 转化率和 CH_4 选择性成比例增长，同时，有效减轻积炭。晶须状石墨碳的直径大于 17nm，远大于有序介孔的孔径 4~5nm，ZrO_2 介孔能有效抑制 C 丝的生长[22]；且分布于介孔中粒度很小的 Ni 微粒也不利于 C 丝的生长[23]。

事实上，CO 在 Ni 阶梯位的解离是甲烷化的限速步骤，阶梯位上的吸附 S，堵塞活性位对 CO 甲烷化反应具有长程影响，是 Ni 催化剂 S 中毒的根源[24]。尽管阶梯位对 C 的吸附远强于平台 Ni(111)，且阶梯位上 C 的吸附能大于 S，但相比阶梯位上吸附 S 所引起的 Ni 中毒，阶梯位上吸附的 C 不至于催化剂的失活。同时，阶梯位吸附的 S 会导致 CO 解离速率的降低和活化能的升高；阶梯位上的 C 能被氢化成 CH 而除去，而阶梯位上的 S 是很难被氢化的，这是因为 $H_2S \rightarrow SH \rightarrow S$ 逐步解离成 S 都是低能垒强放热反应[14]。

3.4.5　Ni（211）表面"Ni 缺陷 B5 活性位"

图 3-9 给出了阶梯 Ni(211) 面 "Ni 缺陷 B5 活性位" 上 C 相关物

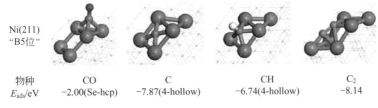

物种	CO	C	CH	C₂
E_{ads}/eV	−2.00(Se-hcp)	−7.87(4-hollow)	−6.74(4-hollow)	−8.14

图 3-9　阶梯 Ni(211) 面 "Ni 缺陷 B5 活性位" 上 C 相关物种的吸附

种的吸附。C 原子有 4 个 C—H 键的缺失，表现明显的亲电性，C 原子会以较大的吸附能，优先与 "Ni 缺陷 B5 活性位" 上 4 个 Ni 相连，得到更多的电子。因此，Ni(211) 面上有大量表面 C 生成。

由 3.4.4 部分结果可知，阶梯 Ni(211) 面 "Ni 缺陷 B5 活性位" 上 CH_4 与表面 C 的形成是竞争的。尽管相比 C 聚集生成 C_2 和 C_3，表面 C 优先被氢化成 CH，但前提是必须有充足的还原性 H 存在。配位不饱和的阶梯 Ni(211) 面上 "Ni 缺陷 B5 位" 既是 CH_4 生成的活性位，也是表面 C 形成的位置，这与 CO 甲烷化实验结果一致[13,19]。

因此，通过添加助剂和调变载体来改性 "Ni 缺陷 B5 活性位" 的微观环境，以此调控该活性位的催化性能，确保阶梯 Ni(211) 面 "Ni 缺陷 B5 活性位" 高选择性生成 CH_4 的前提下，提高其催化 CO 甲烷化的活性以及抗积炭和抗 S 中毒的能力，从而增加 Ni 催化剂的稳定性。

3.5 表面结构对 CO 甲烷化影响

本章基于 CO 甲烷化，研究了 Ni(111) 和 Ni(211) 表面上 CH_4 的生成机理，讨论了阶梯面对 CH_4 生成路径、活性和选择性的影响，以及 CH_3OH 生成对 CH_4 生成的影响。同时，研究了 C 形成机理，探讨 C 生成、C 聚集和 C 消除对 Ni 催化剂稳定性的影响。得到以下结论：

① 由 Ni(111) 表面上 CH_4 及 CH_3OH 形成的最优路径和势能图可知，在 Ni(111) 表面，CH_4 形成的最优路径为路径 1-1 和路径 1-2，

对应的最高能垒分别为 2.33eV 和 2.30eV，相应的反应热分别为 0.98eV 和 1.13eV；副产物 CH_3OH 的形成路径为路径 1-6，2.36eV 的总能垒与 CH_4 的形成是竞争的；因此，CH_3OH 的形成会影响 CH_4 产品的选择性。

② 在 Ni(211) 面，起始于 HCO 和 COH 物种，CH_4 形成的最优路径为路径 2-7 和路径 2-9，对应的总能垒分别为 2.22eV 和 2.24eV，相应的反应热分别为 1.32eV 和 1.50eV；且相比 Ni(111) 面 CH_4 生成最优路径的总能垒 2.30eV，阶梯 Ni(211) 面对 CH_4 生成活性仅有微弱提高。

重要的是，因 CH_2OH 加氢生成 CH_3OH 的能垒大于 C—O 键断裂生成 CH_2 的能垒，CH_4 生成优先于 CH_3OH 的生成；并在实验条件下以 Microkinetic modeling 计算 CH_4 和 CH_3OH 的生成速率，结果表明，同一温度下 CH_4 生成速率 $r(CH_4)$ 大于 CH_3OH 的生成速率 $r(CH_3OH)$，相对选择性 S_{CH_4} 随着温度升高而增大，而 S_{CH_3OH} 随着温度升高明显降低，因此，DFT 计算和微观动力学都表明 CO 甲烷过程中 CH_4 的选择性大于 CH_3OH。

③ 在 Ni(111) 面，由于 CO 歧化、CO 和 COH 解离所需的活化能垒较高，C—O 键断裂几乎不可能发生；在 CH_4 形成最优路径中，CH_4 和 C 形成存在共同的中间体 CH；CH 加氢生成 CH_2 优先于 CH 解离生成 C，CH_4 形成优先于 C 形成。CO 和 CH 氢化优先于解离；氢化所生成的 HCO 和 CH_2 最终将促进 CH_4 产品，不容易发生的 C—O 和 C—H 断键反应最终将抑制表面 C 的生成。

④ 配位不饱和的阶梯 Ni(211) 面上"Ni 缺陷 B5 位"既是高选择性生成 CH_4 的活性位，也是表面 C 形成的位置，导致表面 C 形成的反应是 COH 解离和 CH_4 生成最优路径中 CH_2 的热解。C 原子有 4 个 C—H 键的缺失，表现明显的亲电性，C 原子以较大的吸附能吸附于 Ni(211) 面，Ni(211) 面上有大量表面 C 生成，但相比 C 聚集生成 C_2 和 C_3，表面 C 优先被氢化成 CH，表明在还原性 H 存在下积炭不是导致催化剂失活的主要原因。

参考文献

[1] Che F, Hensley A J, Ha S. McEwen J S. Decomposition of methyl species on a Ni(211)

surface： inv estigations of the electric field influence [J] . Catal. Sci. Technol. ，2014，4 (11)：4020-4035.

[2] Catapan R C，Oliveira A A M，Chen Y，Vlachos D G. DFT study of the water-gas shift reaction and coke formation on Ni(111) and Ni(211) surfaces [J] . J. Phys. Chem. C，2012，116 (38)：20281-20291.

[3] Zhu Y A，Chen D，Zhou X G，Yuan W K. DFT studies of dry reforming of methane on Ni catalyst [J] . Catal. Today，2009，148 (3)：260-267.

[4] Mueller J E，van Duin A C T，Goddard Ⅲ W A. Structures，energetics，and reaction barriers for CHx bound to the nickel (111) surface [J] . J. Phys. Chem. C，2009，113 (47)：20290-20306.

[5] Zhou Y H，Lv P H，Wang G C. DFT studies of methanol decomposition on Ni(100) surface： compared with Ni(111) surface [J] . Mol. Catal. ，2006，258 (1)：203-215.

[6] Blaylock D W，Ogura T，Green W H，Beran G J O. Computational investigation of thermochemistry and kinetics of steam methane reforming on Ni(111) under realistic conditions [J] . J. Phys. Chem. C，2009，113 (12)：4898-4908.

[7] Li J D，Croiset E，Ricardez-Sandoval L. Methane dissociation on Ni(100)，Ni(111)，and Ni (553)：a comparative density functional theory study [J] . Mol. Catal. ，2012，365 (4)：103-114.

[8] Remediakis I N，Abild-Pedersen F，Nørskov J K. DFT study of formaldehyde and methanol synthesis from CO and H$_2$ on Ni(111) [J]. J. Phys. Chem. B，2004，108 (38)：14535-14540.

[9] Gan L Y，Tian R Y，Yang X B，Lu H D，Zhao Y J. Catalytic reactivity of CuNi alloys toward H$_2$O and CO dissociation for an efficient water gas shift： a DFT study [J] . J. Phys. Chem. C，2012，116 (1)：745-752.

[10] Zhang Q F，Han B，Tang X W，Heier K，Li J X，Hoffman J，Lin M F，Britton S L，Derecskei-Kovacs A，Cheng H S. On the mechanisms of carbon formation reaction on Ni(111) surface [J] . J. Phys. Chem. C，2012，116 (31)：16522-16531.

[11] Wang S G，Cao D B，Li Y W，Wang J G，Jiao H J. Reactivity of surface OH in CH$_4$ reforming reactions on Ni(111)：a density functional theory calculation [J] . Surf. Sci. ，2009，603 (16)：2600-2606.

[12] Li K，Yin C，Zheng Y，He F，Wang Y，Jiao M G，Tang H，Wu Z J. DFT study on the methane synthesis from syngas on Cerium-doped Ni(111) surface [J] . J. Phys. Chem. C，2016，120 (40)：23030-23043.

[13] Andersson M P，Abild-Pedersen F，Remediakis I N，Bligaard T，Jones G，Engbæk J，Lytken O，Horch S，Nielsen J H，Sehested J，Rostrup-Nielsen J R，Nørskov J K，Chorkendorff I. Structure sensitivity of the methanation reaction：H$_2$-induced CO dissociation on nickel surfaces [J] . J. Catal. ，2008，255 (1)：6-19.

[14] Engbæk J，Lytken O，Nielsen J H，Chorkendorf I. CO dissociation on Ni：the effect of steps

and of nickel carbonyl [J]. Surf. Sci., 2008, 602 (3): 733-743.

[15] Kapur N, Hyun J, Shan B, Nicholas J B, Cho K. Ab initio study of CO hydrogenation to oxygenates on reduced Rh terraces and stepped surfaces [J]. J. Phys. Chem. C, 2010, 114 (22): 10171-10182.

[16] Shinde V M, Madras G. CO methanation toward the production of synthetic natural gas over highly active Ni/TiO_2 catalyst [J]. AIChE J., 2014, 60 (3): 1027-1035.

[17] Lausche A C, Medford A J, Khan T S, Xu Y, Bligaard T, Abild-Pedersen F, Nørskov J K, Studt F. On the effect of coverage-dependent adsorbate-adsorbate interactions for CO methanation on transition metal surfaces [J]. J. Catal., 2013, 307 (11): 275-282.

[18] Kopyscinski J, Schildhauer T J, Biollaz S M. A. Fluidized-bed methanation: interaction between kinetics and mass transfer [J]. Ind. Eng. Chem. Res., 2011, 50 (5): 2781-2790.

[19] Chae S J, Güneş F, Kim K K, Kim E S, Han G H, Kim S M, Shin H J, Yoon S M, Choi J Y, Park M H, Yang C W, Pribat D, Lee Y H. Synthesis of large-area graphene layers on poly-nickel substrate by chemical vapor deposition: wrinkle formation [J]. Adv. Mater., 2009, 21 (22): 2328-2333.

[20] Chen Z X, Aleksandrov H A, Basaran D, Rösch N. Transformations of ethylene on the Pd (111) surface: a density functional study [J]. J. Phys. Chem. C, 2010, 114 (41): 17683-17692.

[21] Sehested J, Dahl S, Jacobsen J, Rostrup-Nielsen J R. Methanation of CO over nickel: mechanism and kinetics at high H_2/ CO ratios [J]. J. Phys. Chem. B, 2005, 109 (6): 2432-2438.

[22] Lu J, Fu B, Kung M C, Xiao G, Elam J W, Kung H H, Stair P C. Coking-and sintering-resistant palladium catalysts achieved through atomic layer deposition [J]. Science, 2012, 335 (6073): 1205-1208.

[23] Wang N, Shen K, Huang L H, Yu X P, Qian W Z, Chu W. Facile route for synthesizing ordered mesoporous Ni-Ce-Al oxide materials and their catalytic performance for methane dry reforming to hydrogen and syngas [J]. ACS Catal., 2013, 3 (3): 1638-1651.

[24] Liu J, Cui D M, Yu J, Su F B, Xu G W. Performance characteristics of fluidized bed syngas methanation over Ni-Mg/Al_2O_3 catalyst [J]. Chinese J. Chem. Eng., 2015, 23 (1): 86-92.

第4章

La 和 Zr 协同 Ni 催化 CO 甲烷化：助剂的影响

由第 3 章可知，配位不饱和的阶梯 Ni(211) 面上"Ni 缺陷 B5 位"既是 CH$_4$ 生成的活性位，也是表面 C 形成的位置。通过添加 La、Zr 助剂或调变载体来改性"Ni 缺陷 B5 活性位"的微观环境，以此调控该活性位的催化性能，确保阶梯 Ni(211) 面"Ni 缺陷 B5 活性位"高选择性生成 CH$_4$ 的前提下，提高其催化 CO 甲烷化的活性以及抗积炭能力，从而增加 Ni 催化剂的稳定性。

稀土 La 的添加使 Ni 晶粒变小，分散度增加，催化剂的热稳定性及抗烧结能力增强；同时，La 的添加，能提高甲烷化活性，减少积炭的生成。本节从理论上分析 La 掺杂改性的 Ni 表面上 CH$_4$ 形成的微观机理，通过与 Ni 表面上 CO 甲烷化的反应机理进行比较，从微观角度阐明影响 CH$_4$ 形成活性和选择性的关键步骤。明确助剂 La 促进 CO 甲烷化反应性能提高的原因，为调节催化剂表面 Ni 原子的电子状态提供理论依据。

4.1 La/Ni 模型及参数

4.1.1 La 在 Ni(211) 表面的掺杂

（1）替换

助剂 La 原子替换 Ni(211) 面上"Ni 缺陷 B5 位"的 step 处 Ni 原子，其稳定构型如图 4-1 所示。

以式（2-17）计算得，替换过程的形成能 E_f 为 $-2.66\mathrm{eV}$。在

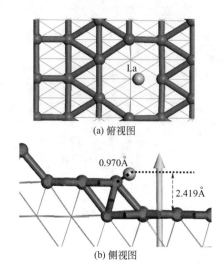

(a) 俯视图

(b) 侧视图

图 4-1　La 替换 Ni(211) 面 step 位 Ni 原子的俯视和侧视结构图

图 4-1中，La 原子明显上移，以至 La 与 step 面的距离为 0.970Å，表明助剂 La 不是以 La/Ni 合金形式存在的。

（2）吸附

La 以单层分散方式载负于 γ-Al$_2$O$_3$ 表面上，改变活性组分与载体间的相互作用，从而改善 Ni 的催化性能[1~4]，构建 La 在 Ni(211) 面上的吸附模型，如图 4-2 所示。

摆放于 Ni(211) 面上 Se-fcc 和 Se-hcp 位的 La 原子优化后分别稳定吸附于平台（111）面的 Le-hcp 和 Le-fcc 位，La 原子在 Le-hcp 和 Le-fcc 位的吸附能 E_{ads} 以式(2-4) 计算，结果列在表 4-1。

表 4-1　La 吸附于 Ni(211) 面不同位置的吸附能

吸附位	E_{ads}/eV
Le-hcp	−7.53
Le-fcc	−7.47

综上，La 原子在 Ni(211) 面的阶梯处，既不能以 La/Ni 合金形式存在，也不能以吸附形式与 Ni 结合，而仅与 Ni(211) 面的平台（111）面相互作用。因此，助剂 La 协同 Ni 催化 CO 甲烷化的促进作用仅体现于平台 Ni(111) 面上，本章拟构建 LaNi(111) 表面模型，以阐明 La 协同 Ni 催化 CO 甲烷化的微观机理。

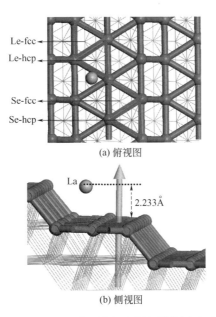

(a) 俯视图

(b) 侧视图

图 4-2　LaNi(211) 表面俯视和侧视结构图及吸附位

4.1.2　LaNi（111）表面模型

助剂 La 分别摆放在 Ni(111) 面的 Top、Bridge、Fcc 和 Hcp 位，经弛豫优化后 Fcc 和 Hcp 位的 La 仍在原位，相应的吸附能分别为 $-6.81eV$ 和 $-6.87eV$；而摆放在 Top 和 Bridge 位的 La 原子都移到了 Hcp 位；这样，La 吸附于 Ni(111) 面的 Hcp 位是最稳定的吸附构型，以此作为助剂 La 促进的 Ni(111) 面模型，记作 LaNi(111) 面，如图 4-3 所示。

4.1.3　La 助剂对 Ni 表面甲烷化反应的影响

单独的 La 对 CO 甲烷化无活性，但 La 与 Ni 结合能起到协同作用。图 4-4 给出了 La 与 Ni 的 d 电子平均能，即 d 带中心，由式 (2-22) 计算。在图 4-4 中，LaNi（111）表面的 d 电子平均能 $-1.44eV$ 大于 Ni(111) 表面的 $-1.52eV$，d 带中心靠近费米能级，反应性增强。

在 CO 氢化还原过程中，La_2O_3 被氢还原为低价态的 La 氧化物，该缺氧的 La 物种与 Ni 紧密接触，产生强相互作用；伴随着电子转

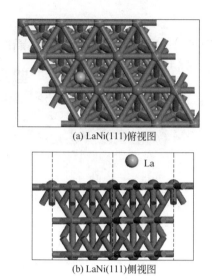

(a) LaNi(111)俯视图

(b) LaNi(111)侧视图

图 4-3　LaNi(111) 表面俯视和侧视结构图

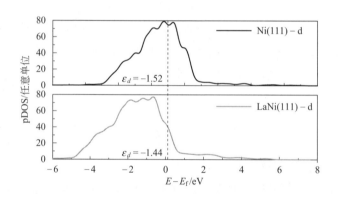

图 4-4　Ni(111) 和 LaNi(111) 表面上 d 带中心的投影分波态密度

移现象发生，La 有效地阻止了 Ni 原子进入 Al$_2$O$_3$ 晶格，避免高温吸附中心的形成，降低 CO 甲烷化温度而增加其稳定性，即 La 电子"离域"引起的电子效应[5]。同时，La 的添加改变了 Ni 催化剂晶体结构，减小了活性组分晶粒，提高了 Ni 在 γ-Al$_2$O$_3$ 的分散度[1~3]，增加了反应活性位，从而提高催化剂的甲烷化活性，即 La 对 Ni 的"限域"结构效应。

　　CO 吸附在 Ni 表面时，按照 Blyholder 模型[6]，CO 的 5σ 最低占据轨道和 Ni 的 d 空轨道相互作用成键，电子流向 Ni；CO 的 2π* 最高未占据轨道和 Ni 的 d 占据轨道相互作用，电子流向 CO；结果是加强了 Ni 与 CO 的吸附键，减弱了 CO 中的 C—O 键。助剂 La、碱土金属等电子给予体的加入能加强 Ni 的富电性，因此，助剂 La 能调节表面镍原子的电子状态，提高表面镍原子的 d 带电子密度，改善表面 Ni 原子的缺电子状态。添加 La 使得表面金属 Ni 的 d 带电子密度增加，活化 C—O 键的能力增强。

4.2 LaNi（111）表面物种的吸附

4.2.1 H$_2$ 解离吸附

在 LaNi(111) 面，H$_2$ 以一定角度倾斜吸附于表面，吸附能为 -0.01eV；其吸附构型如图 4-5 所示。

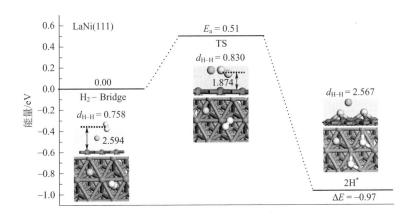

图 4-5 LaNi(111) 表面 H$_2$ 解离吸附的能量结构图

在图 4-5 中，H$_2$ 解离为吸附于两个相邻 Hcp 位的 H 原子，解离所需活化能为 0.51eV，过渡态对应的虚频为 570cm^{-1}，反应放热为 0.97eV。相比较，LaNi(111) 面上 H$_2$ 解离结果与 Ni(111) 面相近，H$_2$ 分子主要以解离吸附形式存在。且吸附在 Ni(111) 和 LaNi(111) 表面上的 H 原子具有相似的吸附构型和相近的吸附能。

4.2.2 LaNi（111）表面各物种的稳定吸附构型

LaNi(111) 表面上 CO 甲烷化相关物种的最稳定吸附构型如书

后彩图 9 所示，表 4-2 给出了相应的稳定吸附位、吸附能和关键结构参数。

表 4-2 LaNi(111) 面 CO 甲烷化相关物种的稳定吸附位、吸附能和关键结构参数

物种	E_{ads}/eV	D_{La-X}/Å
C	−7.18 (Hcp)	d_{La-C}= 2.617
H	−2.80 (Hcp)，−2.80 (Fcc)	d_{La-H}= 2.836
O	−6.40 (Hcp)	d_{La-O}= 2.163
CO	−2.60 (Hcp)	d_{La-O}= 2.457
OH	−4.41 (Hcp)	d_{La-O}= 2.952
H_2O	解离吸附−5.70	d_{La-O}= 2.902
CH	−6.46 (Hcp)，−6.46 (Fcc)	d_{La-C}= 2.878
CH_2	−3.97 (Hcp)，−3.97 (Fcc)	d_{La-C}= 2.798
CH_3	−1.72 (Hcp)，−1.72 (Fcc)	d_{La-C}= 2.680
CH_4	−0.07 (Fcc)	d_{La-C}= 3.489
HCO	−3.27 (fcc)	d_{La-O}= 2.329
COH	−4.57 (Hcp)	d_{La-O}= 2.696
CH_2O	−1.41 (Hcp)，−1.43 (Fcc)	d_{La-O}= 2.220
CH_3O	−3.64 (Fcc)，−3.65 (Hcp)	d_{La-O}= 2.107
HCOH	−4.29 (Hcp)	d_{La-O}= 2.585
CH_2OH	−2.07 (Hcp)	d_{La-O}= 2.523
CH_3OH	−0.91 (Top)	d_{La-O}= 2.582
CO_2	−1.58 (Top)	d_{La-O}= 2.716

① C，H，O：C 吸附在 Hcp 位，吸附能为−7.18eV；H 吸附在 Fcc 或 Hcp 位，吸附能均为−2.80eV；O 吸附在 Hcp 位，吸附能为−6.40eV。

② CO，COH：在 CO 和 COH 的稳定吸附构型中，由于 Ni(111)表面的 La 对 O 的吸引作用，导致 C—O 键与表面不再垂直。CO 和 COH 都通过 C 吸附在 Hcp 位，吸附能分别为−2.60eV 和−4.57eV。

③ OH，H_2O：在 OH 的稳定吸附构型中，O 靠近 Ni(111) 表面的 La，导致 O—H 键与表面平行，OH 吸附能为−4.41eV；H_2O 以 OH 和 H 的共吸附形式解离吸附于金属表面，吸附能为

$-5.70eV$。

④ CH，CH$_2$，CH$_3$，CH$_4$：CH、CH$_2$ 和 CH$_3$ 都通过 C 吸附于表面，稳定吸附位均为 Fcc 或 Hcp 位，对应的吸附能分别为 $-6.46eV$，$-3.97eV$ 和 $-1.72eV$，且各物种在 Fcc 和 Hcp 位吸附能相同；可见，随着 H 数目的增加，CH$_x$ 的吸附能呈减小趋势；CH$_4$ 与表面作用力很弱，吸附能为 $-0.07eV$。

⑤ HCO，CH$_2$O，HCOH，CH$_2$OH：HCO、CH$_2$O、HCOH 和 CH$_2$OH 中的 O 原子都不同程度地与表面 La 靠近；HCO 通过 C 和 H 吸附于 Hcp 位，吸附能为 $-3.27eV$；CH$_2$O 通过 C 和 O 吸附于 Fcc 或 Hcp 位，对应的吸附能分别为 $-1.43eV$ 和 $-1.41eV$；HCOH 和 CH$_2$OH 仅通过 C 吸附于 Hcp 位，对应的吸附能为 $-4.29eV$和 $-2.07eV$。

⑥ CH$_3$O，CH$_3$OH：CH$_3$O 和 CH$_3$OH 上的 C 原子配位饱和，所以 CH$_3$O 和 CH$_3$OH 仅通过 O 吸附于表面，最初放置在 Fcc 和 Hcp 位的 CH$_3$O，由于 La 与 O 的强相互作用，使得 CH$_3$O 中 O 与表面 Ni 作用减弱，呈脱离状态；且对应的吸附能为 $-3.64eV$ 和 $-3.65eV$；最初放置在 Top 位的 CH$_3$OH，最终也是以 La—O 键而不是 Ni—O 键的形式吸附的；且 CH$_3$OH 的吸附能为 $-0.91eV$。

⑦ CO$_2$：CO$_2$ 仅通过 C 吸附于 Top 位，吸附能为 $-1.58eV$。

4.2.3 La 助剂对表面各物种稳定吸附构型的影响

由各表面物种在 Ni(111) 和 LaNi(111) 表面上的稳定吸附构型和相应的吸附能可知，通过 C 原子与表面吸附的物种 C、CH、CH$_2$、CH$_3$ 和 CH$_4$，吸附构型和吸附能在 Ni(111) 和 LaNi(111) 表面上没有明显变化。通过 O 与表面吸附的物种 O、OH 和 H$_2$O，受表面 La 原子的影响，O 与 Ni(111) 平面的距离从 1.072Å 增加到 1.414Å；O—Ni 键长的增加表明 O—Ni 相互作用的减弱，然而 O 的吸附能从 $-5.76eV$ 增加到 $-6.40eV$，表明强的 La—O 键是导致吸附能增大的原因。对于 OH 的吸附，受 La—O 强相互作用的影响，O—H 键由垂直表面变化到与表面平行，O 与 Ni 距离增大的同时 O 与 La 距离减小，相应的 OH 吸附能从 $-3.54eV$ 增加到 $-4.41eV$。而在 H$_2$O 的稳定吸附构型中，H$_2$O 分子以 $-0.33eV$ 的吸附能物理吸附于

Ni(111)表面上；同样受 La—O 强相互作用的影响，H_2O 是以 OH 和 H 的共吸附形式解离吸附于 LaNi(111) 表面上，其解离吸附能为 $-5.70eV$。

含氧物种 CH_3O 和 CH_3OH 在 Ni(111) 和 LaNi(111) 表面上吸附构型有明显变化，由 O—Ni 键变为 O—La 键，随之 CH_3O 吸附能由 $-2.75eV$ 到 $-3.65eV$，CH_3OH 吸附能由 $-0.37eV$ 到 $-0.91eV$，明显增大的吸附能表明 O—La 键强于 O—Ni 键。因此 La—O 强相互作用可能会活化 C—O 键，促进 C—O 键的断裂，从而提高 CO 甲烷化的活性。掺杂于 Ni/SBA-15 的 La 物种，高度分散于催化剂中，导致 Ni 微粒的减小，提高了 CH_4 和 CO_2 重整反应的催化活性和稳定性；同时，La 的掺杂促进 CO_2 解离为氧原子。当 La_2O_3/Ni 的摩尔比为 0.10 时，较大的 Ni 微粒上主要的 C_1 物种是 CO，当 La_2O_3/Ni 的摩尔比为 0.25 时，较小的 Ni 微粒上主要的 C_1 物种是 CH_2O 和 CH_3O[4]。

通过 C 和 O 与 Ni(111) 表面吸附的物种有 HCO、CH_2O、HCOH、CH_2OH 和 CO_2，由于 La 对其 O 原子的强吸引作用，这些 C 氧化物中的 O 原子会靠近表面的 La 原子，整个吸附小分子发生倾斜，导致 O 与表面的 Ni 作用减弱，从而仅通过 C 吸附于 LaNi(111) 表面；且吸附能有一定程度的增加，HCO 由 $-2.36eV$ 增加到 $-3.27eV$，CH_2O 由 $-0.83eV$ 到 $-1.43eV$，HCOH 由 $-3.91eV$ 到 $-4.29eV$，CH_2OH 由 $-1.68eV$ 到 $-2.07eV$ 以及 CO_2 由 $0.07eV$ 到 $-1.58eV$。

4.3 LaNi（111）表面上 CO 甲烷化机理

4.3.1 CO 活化

相似于 Ni(111) 表面上 CO 的 3 种活化方式，书后彩图 10 给出了 LaNi(111) 表面上 CO 活化反应的势能图以及相关反应的起始态、过渡态和末态结构。

在 LaNi(111) 表面上，反应 R1-1 为 CO 直接解离，CO 经过渡态 TS1-1 可解离生成 C 和 O，反应起始于 CO，吸附在与 La 相邻

Hcp 位，在过渡态 TS1-1 中，C 和 O 的距离从初态的 1.271Å 伸长到 3.423Å，在末态结构中，C 和 O 分别吸附在相邻的 Hcp 位；C 和 O 的距离为 3.619Å，该反应的活化能为 1.67eV，反应放热 1.15eV。

对于反应 R1-2，CO 加氢生成 HCO 需经过渡态 TS1-2，该反应初始构型中，CO 和 H 分别吸附于与 La 相邻的两个 Hcp 位，在 TS1-2 中，H 和 C 的距离从起始的 2.662Å 缩短为 1.424Å，该反应的活化能为 0.99eV，过程吸热 0.90eV。在反应 R1-3 中，CO 加氢生成 COH，反应起始构型与 CO 氢化生成 HCO 的起始构型相同，在过渡态 TS1-3 中，H 和 O 的距离从起始的 3.023Å 缩短为 1.304Å，该反应活化能和反应热分别为 2.21eV 和 1.43eV。

活化能是评价 CO 甲烷化催化剂催化性能的重要指标[7]。基于 Ni(111) 和 LaNi(111) 表面上的 CO 活化结果，可以发现 CO 直接解离以及加氢生成 HCO 或 COH 在 Ni(111) 和 LaNi(111) 表面上的活化能分别相差 1.53eV、0.39eV 和 0.27eV，表明助剂 La 能极大地促进 C—O 键断裂。这是强 La—O 相互作用弱化 C—O 键的结果，CO 甲烷化活性与 CO 解离活性紧密相关[8]。同时，比较氢化和解离的活化能，得出当 CO 和 H 共吸附并反应时，CO 加氢生成 HCO 是动力学上最有利的反应。

4.3.2 助剂 La 提高 Ni(111) 表面 CH₄ 生成的活性

通过考察 La 吸附的 Ni(111) 表面上 CH₄ 生成的微观机理，进一步比较 Ni(111) 和 LaNi(111) 表面上 CO 甲烷化的活性，以期获得 La 掺杂改性的 Ni 基催化剂如何影响 CO 甲烷化的活性和选择性。表 4-3 列出了 LaNi(111) 表面上 CH₄ 形成过程所涉及的相关反应能量。书后彩图 11 给出了这些反应的起始态、过渡态和末态结构。

由 LaNi(111) 表面上 CO 活化结果可知，CO 直接解离以及加氢生成 HCO 和 COH 的能垒分别为 1.67eV、0.99eV 和 2.21eV；尽管 COH 生成能垒高达 2.21eV，但 COH 直接解离的活化能垒仅为 0.42eV；因此涉及 CO、HCO 和 COH 的氢化和解离反应都可能影响 CH₄ 形成的活性。图 4-6 给出了起始于 CO、HCO 和 COH 物种，CH₄ 形成可能存在的 10 条反应路径。

表 4-3　LaNi(111) 表面上 CH_4 形成过程所涉及的相关反应能量

相关反应		活化能(E_a) /eV	反应热(ΔE) /eV	过渡态唯一 虚频(v)/cm^{-1}
$CO \longrightarrow C+O$	R1-1	1.67	1.15	56i
$CO+H \longrightarrow HCO$	R1-2	0.99	0.90	433i
$CO+H \longrightarrow COH$	R1-3	2.21	1.43	1550i
$HCO \longrightarrow CH+O$	R1-4	1.03	−0.13	483i
$CH+H \longrightarrow CH_2$	R1-5	0.70	0.30	697i
$CH_2+H \longrightarrow CH_3$	R1-6	0.89	−0.06	1013i
$CH_3+H \longrightarrow CH_4$	R1-7	0.49	−0.46	42i
$O+H \longrightarrow OH$	R1-8	0.89	−0.18	1228i
$OH+H \longrightarrow H_2O$	—	—	—	—
$HCO+H \longrightarrow HCOH$	R1-10	1.48	0.98	1137i
$HCOH \longrightarrow CH+OH$	R1-11	0.27	−1.34	417i
$HCOH+H \longrightarrow CH_2OH$	R1-12	0.68	−0.05	948i
$CH_2OH \longrightarrow CH_2+OH$	R1-13	0.48	−1.03	330i
$CH_2OH+H \longrightarrow CH_3OH$	R1-14	0.99	−0.35	980i
$HCO+H \longrightarrow CH_2O$	R1-15	0.95	0.56	832i
$CH_2O \longrightarrow CH_2+O$	R1-16	0.29	−0.36	70i
$CH_2O+H \longrightarrow CH_2OH$	R1-17	1.20	0.62	1028i
$CH_2O+H \longrightarrow CH_3O$	R1-18	1.12	−0.56	600i
$CH_3O \longrightarrow CH_3+O$	R1-19	2.26	0.47	418i
$CH_3O+H \longrightarrow CH_3OH$	R1-20	0.93	0.83	15i
$COH+H \longrightarrow HCOH$	R1-21	0.87	0.37	260i
$COH \longrightarrow C+OH$	R1-22	0.42	−0.53	306i
$CH \longrightarrow C+H$	R1-23	0.97	0.36	953i
$CO+CO \longrightarrow C+CO_2$	R1-24	1.85	1.59	79i
$C+C \longrightarrow C_2$	R1-25	0.43	−0.83	293i

注："—"表示该反应不能进行。

从图 4-6 可以看出，路径 1-1～路径 1-10 的总能垒分别为 1.96eV、2.38eV、256eV、1.99eV、2.66eV、3.16eV、2.30eV、2.48eV、2.21eV 和 1.98eV；其中路径 1-1、路径 1 4 和路径 1 10 所对应的总能垒 1.96eV、1.99eV 和 1.98eV 数值上接近，且远小于其

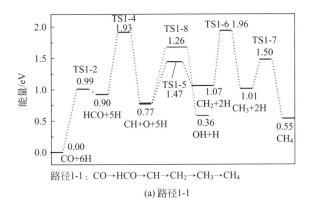

(a) 路径1-1

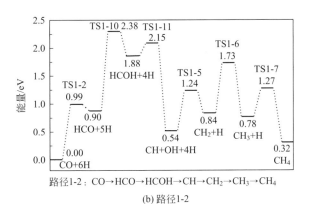

(b) 路径1-2

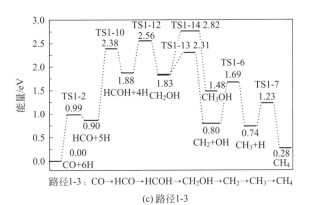

(c) 路径1-3

图 4-6

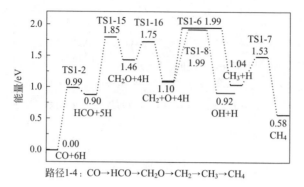

路径1-4：CO→HCO→CH₂O→CH₂→CH₃→CH₄

(d) 路径1-4

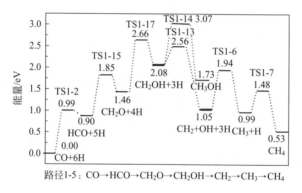

路径1-5：CO→HCO→CH₂O→CH₂OH→CH₂→CH₃→CH₄

(e) 路径1-5

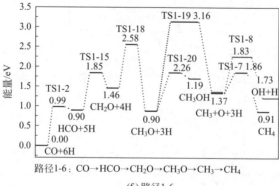

路径1-6：CO→HCO→CH₂O→CH₃O→CH₃→CH₄

(f) 路径1-6

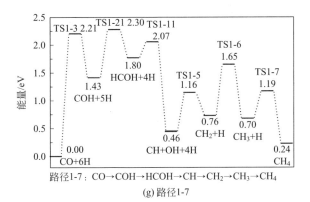

(g) 路径1-7

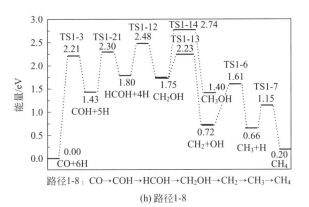

(h) 路径1-8

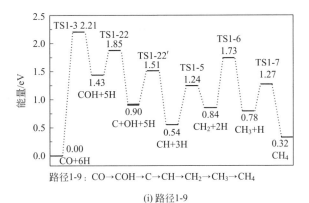

(i) 路径1-9

图 4-6

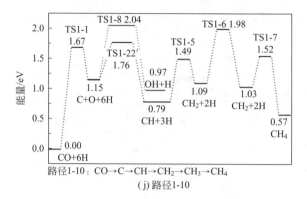

图 4-6　LaNi(111) 表面上 CH_4 形成的势能图

他路径的总能垒。因此在 LaNi(111) 表面上，CH_4 形成的最优路径为路径 1-1、路径 1-4 和路径 1-10，这三条路径对应于 HCO、CH_2O 和 CO 发生 C—O 键断裂生成 CH、CH_2、C 和 O，之后连续加氢生成最终产物 CH_4 和 H_2O。相比 Ni(111) 表面上 CH_4 形成最优路径所对应的总能垒 2.33eV 和 2.30eV，助剂 La 掺杂的 LaNi(111) 表面显著地降低了 CH_4 形成的总能垒，极大地提高了 CO 甲烷化的活性。由于稀土元素具有一定的给电子性能，Ce 在 Ni(111) 表面上的掺杂，提高 CO 甲烷化催化活性，使得反应温度由 600℃ 降低至 340℃[9]。

4.3.3　助剂 La 提高 Ni（111）表面 CH_4 生成的选择性

从理论上计算关键中间体 CH_2OH 和 CH_3O 发生氢化与解离反应的难易程度，以此分析 La 掺杂改性的 Ni 基催化剂能否提高 CH_4 的选择性。表 4-3 列出了 LaNi(111) 面上 CH_2OH 和 CH_3O 氢化生成 CH_3OH 的能量。书后彩图 11 给出了 LaNi(111) 表面上 CO 甲烷化所涉及的相关反应的起始态、过渡态和末态结构。

从表 4-3 可知，生成 CH_3OH 所涉及的中间体 CH_2OH 和 CH_3O，可经加氢反应 R1-14 和 R1-20 生成 CH_3OH，也可经 C—O 键断裂反应 R1-13 和 R1-19 生成 CH_2 和 CH_3，之后氢化生成 CH_4。尽管 CH_3O 解离能垒 2.26eV 远大于其氢化能垒 0.93eV，即 CH_3O 解离不利于氢化，但是，CH_2OH 解离反应能垒 0.48eV 小于其氢化反应能垒 0.99eV，也就是说，相比生成 CH_3OH，CH_2OH 会优先

发生 C—O 键断裂反应而生成 CH_4，可见助剂 La 促进了产物 CH_4 的生成，减弱了副产物 CH_3OH 的生成，提高了 CO 甲烷化的选择性。

同时，图 4-6 给出了 CH_3OH 生成的 4 条可能路径 1-3、路径 1-5、路径 1-6 和路径 1-8，对应的总能垒为 2.82eV、3.07eV、2.58eV 和 2.74eV；相比 CH_4 形成最优路径 1-1、路径 1-4 和路径 1-10 所对应的总能垒 1.96eV、1.99eV 和 1.98eV，CH_3OH 的生成是不利的，CH_4 形成优先于 CH_3OH，可见 LaNi(111) 表面能提高 CH_4 的选择性，且 CH_4 形成的 3 条优势路径中没有 CH_3OH 生成，这样助剂 La 的掺杂促进了 Ni(111) 表面上 CO 甲烷化的反应性。

4.4　LaNi（111）表面上 C 形成机理

在 LaNi(111) 表面上，研究 C 形成、C 成核和 C 消除的相关反应，考察助剂 La 掺杂的 Ni(111) 面对 CH_4 形成具有高活性高选择性的同时，是否具有抑制积炭、提高 Ni 基催化剂稳定性能力。

4.4.1　表面 C 形成

表 4-3 列出了 LaNi(111) 表面上的 C 生成反应：$CO \longrightarrow C+O$（R1-1）、$COH \longrightarrow C+OH$（R1-22）、$CH \rightarrow C+H$（R1-23）和 $CO+CO \longrightarrow CO_2+C$（R1-24）。书后彩图 12 给出了 LaNi(111) 表面上 C 形成的势能图及相关反应起始态、过渡态和末态结构。

在 Ni(111) 面上，由于高的活化能垒，CO 直接解离和歧化以及 COH 解离反应几乎不可能发生。然而，在 LaNi(111) 表面上，起始 CO，C—O 断键反应要容易得多；相比 Ni(111) 面，LaNi(111) 面上的 CO 直接解离、CO 歧化以及 COH 解离反应的活化能分别降低 2.07eV、1.63eV 和 1.59eV。

在文后彩图 12 中，除了 CO 直接解离、COH 解离（H 助 CO 解离）和 CO 歧化所致的 C—O 键断裂反应外，CH_4 形成最优路径路径 1-1、路径 1-4 和路径 1-10 中 CH 解离也可以导致 C 形成，且对应的 C 形成路径分别为 $CO \rightarrow HCO \rightarrow CH \rightarrow C$，$CO \rightarrow HCO \rightarrow CH_2O \rightarrow CH_2 \rightarrow CH_2 \rightarrow C$ 和 $CO \rightarrow C$。相比 CH_4 形成最优路径路径 1-1、路径

1-4 和路径 1-10 对应的总能垒 1.96eV、1.99eV 和 1.98eV，经 CO 歧化、CO 直接解离以及路径 1-1 中的 C—H 键断裂导致的 C 生成更容易。特别地，由 CO 直接解离生成 C 的活化能仅为 1.67eV。

4.4.2　表面 C 消除和 C 沉积

由 4.4.1 部分的结果可知，LaNi(111) 表面上，CO 直接解离是导致表面 C 生成的主要来源。生成的表面 C 能氢化而消除 C+H→CH，也能聚集而沉积 C+C→C_2。书后彩图 13 给出了 LaNi(111) 表面上的 C 生成、C 消除和 C 沉积路径及势能图。C 消除反应 R1-23′和 C 成核反应 R1-25 的活化能和反应热分别为 0.43eV 和 −0.83eV，其起始态、过渡态和末态结构呈现于书后彩图 13。

基于总能垒，比较 C 生成、C 消除和 C 沉积趋势。在书后彩图 14 中，相比 CO 解离生成 C 的能垒 1.67eV，C 氢化生成 CH_4 能垒 1.98eV 最高，C 成核生成 C_2 能垒 1.58eV 最低，相比较，由 C 成核反应导致的 C 沉积最容易，因此，在 LaNi(111) 表面上，尽管助剂 La 能提高 CO 甲烷化活性和 CH_4 选择性，但大量 C 的生成会影响 Ni 的催化性能。

4.4.3　LaNi（111）表面积炭的原因

在 LaNi(111) 表面上，CO 直接解离的 C—O 键断裂反应所需的活化能垒低于 CH_4 形成最优路径的总能垒，CO 直接解离是导致表面 C 生成的主要来源。因此，在 CO 甲烷化过程中，伴随着主产物 CH_4 的生成，大量表面 C 的生成会导致严重的积炭，进而影响助剂 La 与 Ni(111) 表面的协同作用。

为减缓表面 C 生成，充分发挥助剂 La 的协同作用，提高 Ni(111) 表面 CO 甲烷化反应性，分析 LaNi(111) 表面上 C—O 容易断裂的原因，寻找积炭发生的根源。图 4-7(a) 和（b）分别给出了 CO 和 C+O 中 C_{2p}-Ni_{3d}、C_{2p}-La_{5d} 以及 O_{2p}-Ni_{3d}、O_{2p}-La_{5d} 轨道间态密度。

由图 4-7 可知，相比 CO，C+O 中 C_{2p} 与 Ni_{3d}、C_{2p} 与 La_{5d} 相互作用都明显增强，能量由 −10.5eV 增加至 −8.5eV；而 O_{2p} 与 Ni_{3d}、O_{2p} 与 La_{5d} 相互作用都明显减弱，能量由 −10.5eV 减少至 −16.8eV；

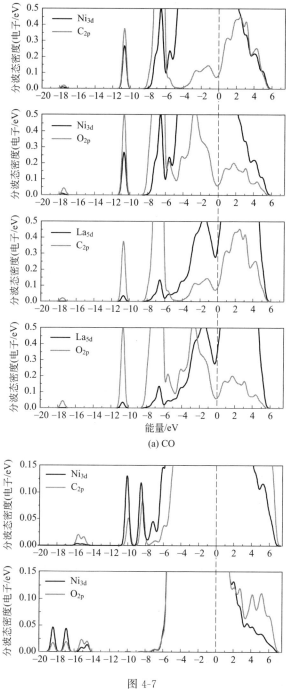

(a) CO

图 4-7

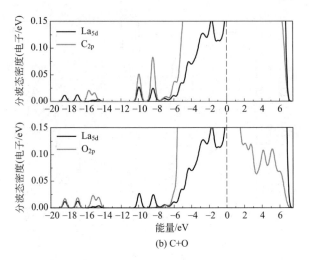

图 4-7　相关 C—O 键断裂所涉及的 CO 和 C+O
在 LaNi(111) 表面上的投影分波态密度

表明 C—O 键断裂后，La 的 5d 电子离域，增大了 Ni 的 3d 电子云密度，加大了 C 的 2p 电子与 Ni 的 3d 电子轨道间重叠，增强了 C—Ni 键，同时 C_{2p} 与 La_{5d} 轨道重叠部分变大，C—La 键增强；由于 La 与 Ni 的共同作用，促使 C 在 La@Ni(111) 表面上的稳定存在，导致积炭和催化剂失活，从而影响 La 与 Ni 协同催化 CO 甲烷化高活性高选择性的发挥。Zhang 等在 Ni/La_2O_3 界面上研究甲烷 CO_2 重整反应，发现 Ni-La 相互作用协同催化过程中，—C—C—出现在 Ni 微粒上[10]，La_2O_3 掺杂 Co 催化的 F-T 合成，结果表明，La_2O_3 促进 Co_2C 形成[4]。

4.4.4　助剂 La 的角色

在 Ni(111) 表面，由于 CO 加氢生成 HCO 所需的活化能 1.38eV 远小于 CO 解离生成 C+O 所需的活化能 3.74eV，CH 加氢生成 CH_2 所需的活化能 0.74eV 远小于 CH 解离生成 C+H 所需的活化能 1.38eV，CO 和 CH 氢化优先于解离；并以反应所涉及的关键物种 CO、HCO、C+O、CH+H、CH_2 和 C+H 的投影分波态密度和 Bader 电荷佐证了这一结论；氢化所生成的 HCO 和 CH_2 最终将促进 CH_4 产品，不容易发生的 C—O 和 C—H 断键反应最终将抑制表面 C 的生成。

　　图 4-8 比较了 Ni(111) 和 LaNi(111) 表面上 CH$_4$、CH$_3$OH 和 C 的生成，分析了 La 掺杂提高 CH$_4$ 活性和选择性以及导致积炭的原因。

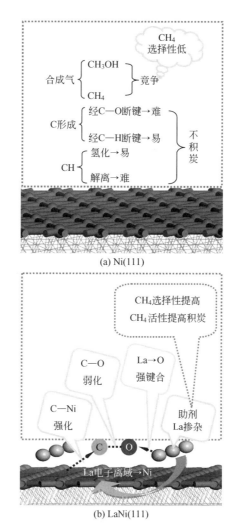

(a) Ni(111)

(b) LaNi(111)

图 4-8　La 掺杂促进 Ni(111) 生成 CH$_4$ 活性和选择性的提高以及导致积炭示意图

　　在 LaNi(111) 表面，掺杂富电子的 La 助剂，La 的 5d 电子增大了 Ni 的 3d 电子云密度，CO 和 C＋O 中 C$_{2p}$ 和 O$_{2p}$ 分别与 Ni$_{3d}$ 和 La$_{5d}$ 轨道重叠部分变大，C 和 O 分别与 Ni 和 La 间的化学键增强；C—O 键减弱。活化的 C—O 键一方面会降低 CH$_4$ 形成最优路径的总能垒，提高 CO 甲烷化的活性和选择性；另一方面会降低 CO 歧化和 CO 直接解离的活化能垒，使得 C 生成容易，导致 LaNi(111) 表面上积炭而失活。因此，为了抑制积炭而开发更有效的 Ni 催化剂成为提高 Ni 催化性能的主要挑战。

4.5　Zr/Ni 模型及参数

　　构建 Ni(211) 和 ZrNi(211) 模型，优化 CO 甲烷化过程中反应物、中间体和产物在 Ni(211) 和 ZrNi(211) 表面上的稳定吸附构型，确认催化剂表面的活性位；研究相关 C—H、C—O 和 O—H 成键及 C—O 断键所涉及的基元反应，鉴别 CH$_4$ 形成的有利路径；分析催化剂表面结构和成分对反应物吸附和基元反应活化能的影响，阐明 Zr/Ni 协同催化的微观机理；以期从原子-分子水平上解释 Zr/Ni 对 CO 甲烷化具有高活性、高选择性及抗积炭的微观原因，为实验研究提供理论指导。

4.5.1　ZrNi(211) 表面形成能

　　Ni/ZrO$_2$ 催化剂中 Zr 与 Ni 是以固溶体形式存在的，即 Zr/Ni 合金[11,12]。以 Zr 原子替换 Ni(211) 面上分别处于 terrace、edge 和 step 位的 3 个 Ni 原子，形成能 E_f 如式(2-17)所列，负值表示 Zr/Ni 形成是放热过程，正值表示该过程吸热。

　　由表 4-4 可知，Zr 替换 terrace、edge 和 step 位所对应的形成能都较大，表明 Zr/Ni 合金的形成过程是放热的；正是由于 3 个不同替换位所对应的形成能−1.61eV、−1.62eV 和−1.69eV 数值上接近，即 Zr 在 Ni(211) 面不同位置 terrace、edge 和 step 处出现的概率相近，说明 Zr 与 Ni 是以固溶体[11]形式存在于 Ni/ZrO$_2$ 催化剂中的，这与实验结果一致。相比较，Zr 在 step 位的形成能更大，且阶梯 Ni(211) 表面上具有不饱和配位的 step 处 Ni 原子反应活性更高，基于此，选择 Zr 在 step 位的替换表面作为助剂 Zr 掺杂的金属 Ni 模型，记作 ZrNi(211)。

表 4-4　Zr 替换 Ni(211) 面不同位置 Ni 原子的形成能

位置	E_f/eV
1-Zr-terrace	−1.61
1-Zr-edge	−1.62
1-Zr-step	−1.69

4.5.2　ZrNi(211)表面模型

Zr 在阶梯 Ni(211) 面上"Ni 缺陷 B5 位"掺杂，形成新的"Ni-Zr缺陷 B5 位"。ZrNi(211) 表面模型如图 4-9 所示。

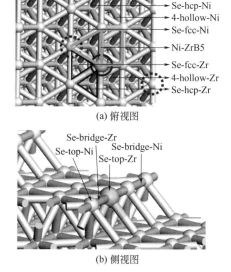

(a) 俯视图

(b) 侧视图

图 4-9　ZrNi(211) 表面俯视和侧视结构图及吸附位

替换的 Zr 原子在 Ni(211) 阶梯处存在 Se-top-Zr、Se-bridge-Zr、Se-fcc-Zr、Se-hcp-Zr 和 4-hollow-Zr 位，未被替换的 Ni 原子存在 Se-top-Ni、Se-bridge-Ni、Se-fcc-Ni、Se-hcp-Ni 和 4-hollow-Ni 位。

4.5.3　ZrNi(211)表面特性

在 250℃ 下，DFT 和 XRD 研究 Ni 与 m-ZrO$_2$ 间的相互作用，发现 Ni 与 Zr 相互扩散渗透，过程放热并形成 Ni—Zr—O 固溶体，Ni—Zr 键长为 2.57Å，与实验结果 2.56Å 一致[13]。

Zr 与 Ni 都是外层有 d 电子的过渡金属，Zr 的外层电子构型是 $4p^6 5s^2 4d^2$，Ni 的外层电子构型是 $3p^6 4s^2 3d^8$，Ni 与 Zr 的 s-d 和 d-d 轨道间杂化[13]，形成 Ni-Zr 键。图 4-10 给出了 Ni(211) 和 ZrNi (211) 表面 d 带中心的投影分波态密度。

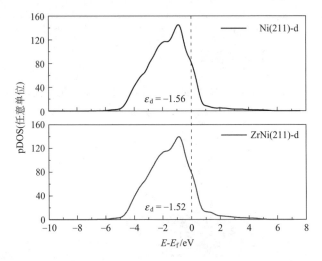

图 4-10 Ni(211) 和 ZrNi(211) 表面 d 带中心的投影分波态密度

由式(2-22) 计算得 Ni(211) 和 ZrNi(211) 表面的 d 带中心平均能 ε_d 分别为 $-1.56eV$ 和 $-1.52eV$，ZrNi(211) 表面的 d 带中心靠近费米能级，因此，助剂 Zr 的掺杂能促进 Ni(211) 表面的反应性。

4.6 ZrNi（211）表面物种的吸附

4.6.1 H_2 解离吸附

在 ZrNi(211) 面，H_2 分子以 $-0.28eV$ 的吸附能吸附于 Se-top-Zr 位；其吸附构型如图 4-11 所示。由图 4-11 可知，H_2 解离在 ZrNi (211) 面上是低能垒强放热过程，Se-top-Zr 位 H_2 解离仅需克服 $0.32eV$ 的活化能垒，过渡态对应的虚频为 $467cm^{-1}$，过程放热 $1.03eV$；因此，H_2 解离反应很容易发生，H_2 分子主要以解离吸附形式存在，这与 Ni(211) 上 H_2 解离结果相近。

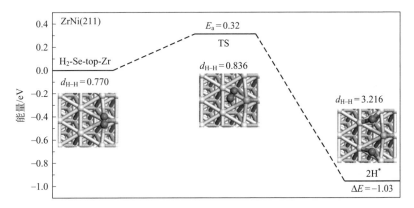

图 4-11　ZrNi(211) 表面 H_2 解离吸附的能量结构图

4.6.2　以 C—Ni 键吸附的物种

ZrNi(211) 表面上 CO 甲烷化相关物种最稳定吸附构型如书后彩图 14 所示，表 4-5 列出了 ZrNi(211) 表面各个稳定吸附构型对应的吸附位和吸附能。

表 4-5　ZrNi(211) 面上 CO 甲烷化相关物种最稳定吸附构型的
吸附位、吸附能及电荷转移量

物种	吸附位	E_{ads}/eV	q
H_2	Se-top-Zr	−0.28	−0.02
H	Se-hcp-Ni	−2.74	−0.28
CO	Se-hcp-Ni	−2.10	−0.50
COH	Se-hcp-Ni	−4.50	−0.35
C	4-hollow-Ni	−7.82	−0.81
CH	4-hollow-Ni	−6.75	−0.63
CH_2	Se-hcp-Ni	−4.25	−0.47
CH_3	Se-bridge-Ni	−2.26	−0.31
CH_4	Se-top-Ni	−0.02	−0.04
O	Se-hcp-Zr	−6.78	−1.05
OH	Se-bridge-ZrNi	−4.71	−0.62

续表

物种	吸附位	E_{ads}/eV	q
CH_3O	Se-bridge-ZrNi	-3.83	-0.59
HCO	Se-bridge-ZrNi	-3.46	-0.55
HCO-IM	Se-hcp-Ni	-2.62	
CH_2O	Se-bridge-ZrNi	-2.32	-0.70
CH_2OH	Se-bridge-ZrNi	-2.87	-0.33
CO_2	Se-bridge-ZrNi	-1.50	-0.80
HCOH	Se-hcp-Zr	-4.48	-0.24
H_2O	Se-top-Zr	-1.09	-0.01
CH_3OH	Se-top-Zr	—	-0.61
C_2	—	-7.68	—
C_3	—	-6.69	—

注："—"表示该物种的吸附位置不明显。

① CO，COH：CO 和 COH 都以三个 C—Ni 键吸附于 ZrNi (211) 表面的 Se-hcp-Ni 位，吸附能分别为 $-2.10eV$ 和 $-4.50eV$，与其在 Ni(211) 表面上的吸附能接近，表明 Zr 的掺杂对 CO 和 COH 的吸附影响很小。

② C，CH：C 和 CH 都以四个相等的 C—Ni 键吸附于 Ni(211) 表面的 4-hollow 位，当阶梯 Ni 原子被 Zr 取代后，4-hollow 位由三个缩短的 C—Ni 键和一个伸长的 C—Zr 键组成，C 和 CH 在该位置变得不稳定，优化后 C 和 CH 优先吸附于由四个 Ni 原子组成的 4-hollow-Ni位，表明掺杂的 Zr 对 C 和 CH 的吸引力小于 Ni 原子；且吸附能与 Ni(211) 表面上的吸附能接近，分别为 $-7.82eV$ 和 $-6.75eV$。

③ CH_2，CH_3，CH_4：CH_2 和 CH_3 都是以 C—Ni 键与基底相连，分别稳定吸附于 ZrNi(211) 面的 Se-hcp-Ni 和 Se-bridge-Ni 位，吸附能分别为 $-4.25eV$ 和 $-2.26eV$。CH_4 以 $-0.02eV$ 微弱的吸附能物理吸附于 ZrNi(211) 面的 Se-top-Ni 位，表明 CH_4 一经生成，随即脱附；其中一个 C—H 键垂直于表面，其余 H 原子指向表面外。

综上，通过 C 原子与 ZrNi(211) 面相连的吸附物种 CO、COH、C、CH、CH_2、CH_3 和 CH_4，与其在 Ni(211) 面上的吸附构型、吸

附位与吸附能相近；且这些物种与两个面的电荷转移量 q 也是相近的，表明其对表面结构不敏感。

4.6.3 以 C—Ni 和（或）O—Zr 键吸附的物种

① O，OH，CH_3O：在 Ni(211) 面，O 物种优先吸附于 Se-hcp 位，当阶梯位 Ni 原子被 Zr 取代后，O 在 Se-hcp-Zr 位的稳定性大于 Se-hcp-Ni 位，其吸附能比 Ni(211) 面的吸附能大 0.92eV。OH 和 CH_3O 都稳定吸附于 Ni(211) 面的 Se-bridge 位，Zr 的掺杂使 OH 和 CH_3O 的稳定吸附位变为 Se-bridge-ZrNi 位，相应的吸附能分别增加 0.85eV 和 0.93eV，强的 O—Zr 键可能是导致 OH 和 CH_3O 吸附能明显增加的原因。

② HCO，CH_2O，CH_2OH，CO_2：HCO、CH_2O、CH_2OH 和 CO_2 都是通过 C 和 O 原子与 Ni(211) 面的两个相邻 Ni 原子相连，吸附位都是 Se-bridge 位，当 Zr 掺入 Ni(211) 面时，这些吸附物种的吸附构型未变，变化的是吸附位和吸附能。HCO、CH_2O、CH_2OH 和 CO_2 都经 C—Ni 和 O—Zr 键稳定吸附于 ZrNi(211) 面的 Se-bridge-ZrNi 位，与其在 Ni(211) 面的吸附能相比，这些物种在 ZrNi(211) 面的吸附能分别增加 0.96eV、1.19eV、0.76eV 和 1.08eV，表明 Zr 的掺杂增强了含氧物种的吸附。

③ HCOH，H_2O：HCOH 经 C—Ni 和 O—Zr 键优先吸附于 ZrNi(211) 面的 Se-hcp-Zr 位，吸附能为 -4.48eV。H_2O 分子以 O—Zr 键吸附于 ZrNi(211) 面的 Se-top-Zr 位，吸附能为 -1.09eV，相比其在 Ni(211) 面上的吸附能，强的 O—Zr 键使 H_2O 的吸附增强。

综上，通过 O 和（或）C 原子与表面相连的吸附物种 O、OH、CH_3O、HCO、CH_2O、CH_2OH、CO_2、HCOH 和 H_2O，分别经 O—Zr 和（或）C—Ni 键与 ZrNi(211) 面相连；由于 O—Zr 键强于 O—Ni 键，使得这些物种在 ZrNi(211) 面上的吸附能明显大于在 Ni(211) 面上的吸附能，表明 Zr 的掺杂稳定了这些物种。且 Zr 的掺杂使这些物种与表面的电荷转移量 q 增加，相应地，其在表面上的吸附能增大。由此可知，含氧物种对表面结构敏感。

4.6.4　CH$_3$OH 的吸附

最初放置于 ZrNi(211) 面 Se-top-Ni 位的 CH$_3$OH，优化后迁移至邻近的 Se-top-Zr 位。Zr 的掺杂使其 C—O 键被活化断裂，CH$_3$ 远离表面，OH 通过 O 原子吸附于 Se-top-Zr 位；相比气相 CH$_3$OH 分子中 C 和 O 的距离 1.452Å，解离的 CH$_3$ 和吸附的 OH 间 C 和 O 距离被拉伸为 3.077Å，由此可知，在 ZrNi(211) 面，CH$_3$OH 是以解离吸附态存在的。究其原因，助剂 Zr 与 O 的强相互作用弱化了 C—O 键，使得 C—O 键断裂容易[14~17]。先前研究表明，Ni 催化合成气甲烷化反应中，助剂 V[7,18,19]，Mo[20]，Rh[21] 和 Mn[22] 的主要作用是与吸附的 CO 中 O 产生强相互作用而促进 C—O 键解离。

为了进一步阐明助剂 Zr 对 CH$_3$OH 分子 C—O 键活化的微观原因，图 4-12 给出了 CH$_3$OH 在 Ni(211) 和 ZrNi(211) 表面上的投影分波态密度（pDOS）。

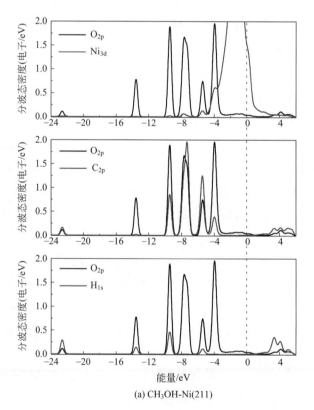

(a) CH$_3$OH-Ni(211)

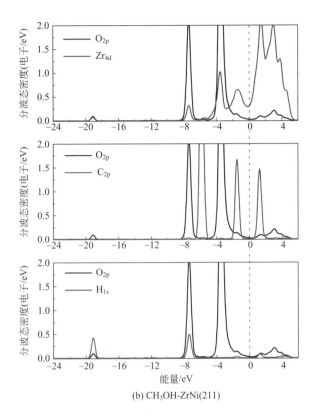

(b) CH₃OH-ZrNi(211)

图 4-12 CH_3OH 在 Ni(211) 和 ZrNi(211)

表面上的投影分波态密度

对于吸附于 Ni(211) 和 ZrNi(211) 面上的 CH_3OH，相比 O_{2p} 与 Ni_{3d} 轨道间较小的重叠，O_{2p} 与 Zr_{4d} 轨道间存在着较强的杂化，表明 Ni(211) 面上的 O—Ni 键明显弱于 ZrNi(211) 面上的 O—Zr 键；然而，相比 Ni(211) 面上 C_{2p} 与 O_{2p} 轨道间明显大的重叠，ZrNi (211) 面上 C_{2p} 与 O_{2p} 轨道间没有杂化，表明 Zr 的掺杂使 C—O 键断裂，CH_3OH 在 ZrNi(211) 面上是解离吸附态。同时，O_{2p} 与 H_{1s} 轨道间的杂化程度在两个面上相近，表明 Zr 的掺杂对 O—H 键的影响较小。

4.6.5　Zr 掺杂对各吸附物种吸附能 BEP 相关的影响

为了进一步阐明助剂 Zr 对吸附物种稳定性的影响，图 4-13 给出了相关吸附物种在 Ni(211) 和 ZrNi(211) 表面吸附能的 Brønsted-

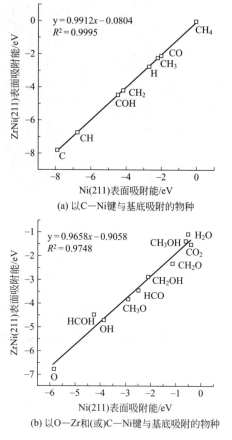

(a) 以C—Ni键与基底吸附的物种

(b) 以O—Zr和(或)C—Ni键与基底吸附的物种

图 4-13　相关吸附物种在 Ni(211) 和 ZrNi(211) 表面
吸附能的 BEPs 相关性

Evans-Polanyi(BEPs) 相关性。

由图 4-13 可知，通过 C 原子与表面相连的吸附物种 CO、COH、C、CH、CH_2、CH_3 和 CH_4 在两个面上的吸附能线性关系中，斜率为 0.9912，截距仅为 -0.0804，且 Zr 的掺杂对这些物种的吸附影响很小。通过 C 或 O 原子与表面相连的吸附物种 O、OH、CH_3O、HCO、CH_2O、CH_2OH、CO_2、HCOH、H_2O 和 CH_3OH 在两个面上的吸附能线性关系中，斜率为 0.9658，截距为 -0.9058，表明助剂 Zr 能稳定这些物种的吸附，Zr 在"Ni 缺陷 B5 活性位"的掺杂形成新的"Ni-Zr"活性位，该"Ni-Zr"活性位可能是 CO 甲烷化反应的主要活性位。

4.7 ZrNi（211）表面上 CO 甲烷化机理

4.7.1 CO 活化

相似于 Ni(211) 表面上 CO 的 3 种活化方式，书后彩图 15 给出了 ZrNi(211) 表面上 CO 活化反应的势能图以及反应起始态、过渡态和末态结构。

起始吸附于 ZrNi(211) 面 Se-hcp-Ni 位的 CO，尽管 CO 直接解离反应 R2-1 放热 0.71eV，但 C—O 键断裂需要克服的活化能高达 3.20eV，远高于 CO 脱附能 2.10eV，因此，CO 直接解离是动力学不利的。

HCO 生成需分两步。第一步是吸附于 Se-hcp-Ni 位的 CO 经过渡态 TS2-2 加氢生成金属配合物 HCO-IM，该过程需要克服活化能 1.34eV，吸热 1.11eV；生成的 HCO-IM 通过两个 C—Ni 键和一个 O—Ni 键吸附于 Se-hcp-Ni 位，吸附能为 −2.62eV；第二步是金属配合物 HCO-IM 从 Se-hcp-Ni 位经过渡态 TS2-2′ 迁移至 Se-bridge-ZrNi 位，生成稳定吸附于 ZrNi(211) 面上的 HCO 物种，吸附能为 −3.46eV，该过程仅需克服活化能 0.22eV，且放热 0.84eV；综合两步过程，CO 加氢生成 HCO 所需的活化能和反应热分别为 1.34 和 0.27eV。相比 COH 生成反应 R2-3 所需克服的活化能 1.88eV 和反应热 1.09eV，CO 加氢生成 HCO 是热力学和动力学皆有利反应。

因此，在 ZrNi(111) 面上，CO 活化仅生成 HCO 是有利的。

4.7.2 ZrNi（211）表面 CH$_4$生成

通过考察 Zr/Ni 合金上 CH$_4$生成的微观机理，比较阶梯 Ni(211) 和 ZrNi(211) 表面上 CO 甲烷化的活性，阐明 Zr 掺杂对 CH$_4$产率和选择性影响的原因，为 Ni 催化剂改性提供理论基础。表 4-6 列出了 ZrNi(211) 面上 CH$_4$形成过程所涉及的相关反应能量；书后彩图 16 给出了这些反应的起始态、过渡态和末态结构。

表 4-6　ZrNi(111) 表面上 CO 甲烷化过程所涉及的相关反应能量

相关反应		活化能 (E_a)/eV	反应热 (ΔE)/eV	过渡态唯一虚频 (v)/cm^{-1}
$CO \longrightarrow C+O$	R2-1	3.20	-0.71	$42i$
$CO+H \longrightarrow HCO$	R2-2	1.34	1.11	$540i$
	R2-2′	0.22	-0.84	$30i$
$CO+H \longrightarrow COH$	R2-3	1.88	1.09	$1500i$
$HCO \longrightarrow CH+O$	R2-4	1.36	-0.67	$223i$
$CH+H \longrightarrow CH_2$	R2-5	1.49	0.52	$508i$
$CH_2+H \longrightarrow CH_3$	R2-6	0.74	-0.13	$774i$
$CH_3+H \longrightarrow CH_4$	R2-7	1.02	0.39	$1011i$
$O+H \longrightarrow OH$	R2-8	1.18	-0.01	$1298i$
$OH+H \longrightarrow H_2O$	R2-9	1.21	1.07	$1097i$
$HCO+H \longrightarrow HCOH$	R2-10	1.72	1.25	$1325i$
$HCOH \longrightarrow CH+OH$	R2-11	0.49	-1.66	$64i$
$HCOH+H \longrightarrow CH_2OH$	R2-12	0.53	-0.35	$974i$
$CH_2OH \longrightarrow CH_2+OH$	R2-13	0.01	-0.80	$28i$
$HCO+H \longrightarrow CH_2O$	R2-14	0.74	0.09	$876i$
$CH_2O \longrightarrow CH_2+O$	R2-15	1.29	-0.14	$66i$
$CH_2O+H \longrightarrow CH_2OH$	R2-16	1.23	0.77	$1297i$
$CH_2O+H \longrightarrow CH_3O$	R2-17	0.77	0.15	$922i$
$CH_3O \longrightarrow CH_3+O$	R2-18	1.55	-0.27	$590i$
$COH \longrightarrow C+OH$	R2-19	2.02	-1.67	$422i$
$C+H \longrightarrow CH$	R2-20	0.77	0.32	$666i$
$CH_2 \longrightarrow CH+H$	R2-21	0.99	-0.52	$654i$
$CH \longrightarrow C+H$	R2-22	0.45	-0.32	$664i$
$CO+CO \longrightarrow C+CO_2$	R2-23	2.83	0.12	$418i$
$C+C \longrightarrow C_2$	R2-24	1.47	0.37	$364i$
$C_2+C \longrightarrow C_3$	R2-25	1.69	0.31	$173i$

注："—"表示该反应不能进行。

　　基于 CO 活化结果，ZrNi(211) 表面上，HCO 生成在热力学和动力学上都是有利的；因此相关 HCO 氢化和解离反应都可能影响 CH$_4$ 形成的活性，而 COH 仅考虑直接解离反应。起始于 HCO 和 COH 物种，图 4-14 给出了 ZrNi(211) 表面上 7 条反应路径 2-1～路

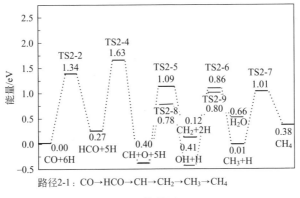

(a) 路径2-1

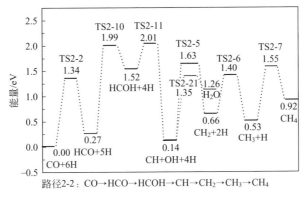

(b) 路径2-2

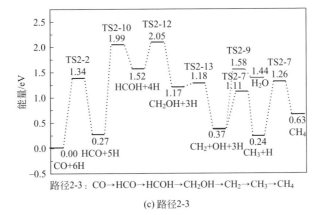

(c) 路径2-3

图 4-14

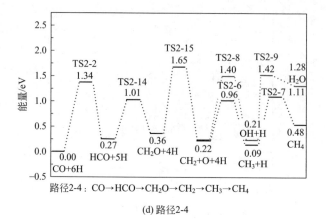

(d) 路径2-4

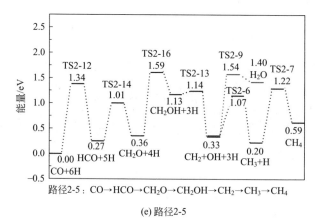

(e) 路径2-5

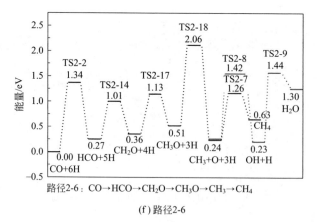

(f) 路径2-6

图 4-14

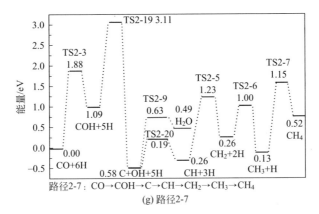

图 4-14　ZrNi(211) 表面上 CO 甲烷化过程中 CH_4 和 H_2O 形成的路径和势能图

径 2-7 的势能图，相应的总能垒分别为 1.63eV、2.01eV、2.05eV、1.65eV、1.59eV、2.06eV 和 3.11eV；基于总能垒，路径 2-5 为 CH_4 形成的有利路径：$CO \to HCO \to CH_2O \to CH_2OH \to CH_2 \to CH_3 \to CH_4$，其总能垒为 1.59eV，反应热为 0.59eV。

相比 Ni(211) 表面上 CH_4 形成的最优路径所对应的总能垒 2.22eV 和 2.24eV，助剂 Zr 掺杂的 ZrNi(211) 表面显著降低 CH_4 形成的总能垒，提高了 CO 甲烷化的活性。

4.7.3　助剂 Zr 对 CH_4 生成活性的影响

ZrNi(211) 表面以 1.59eV 的总能垒经路径 $CO \to HCO \to CH_2O \to CH_2OH \to CH_2 \to CH_3 \to CH_4$ 生成 CH_4。与 Ni(211) 表面 CH_4 形成路径 $CO \to COH \to C \to CH$（或 $COH \to HCOH \to CH_2OH$）$\to CH_2 \to CH_3 \to CH_4$ 所对应的总能垒 2.22eV 或 2.24eV 相比，ZrNi(211) 表面上 CH_4 形成的总能垒降低约 0.60eV，表明助剂 Zr 的掺杂显著提高了 CO 甲烷化的活性。也就是说，Zr 掺杂于"Ni 缺陷 B5 位"所形成的"Ni-Zr"活性位是 CO 甲烷化反应的主要活性位。

究其原因，掺杂于阶梯位的助剂 Zr 改变了 CH_4 形成的有利路径，使得关键中间体由 COH 变为 HCO。COH 经 C—Ni 键吸附于 ZrNi(211) 表面，HCO 通过 C—Ni 和 O—Zr 键与表面相连，Zr 的掺杂对 COH 吸附能的影响很小，而 Zr 与 O 的强相互作用使得 HCO 与表面的电荷转移量 q 增加，HCO 在 ZrNi(211) 表面的吸附能明显增大。

书后彩图 17 给出了 ZrNi(211) 表面上 HCO 生成和迁移过程势能图。Zr 对 O 的强相互作用使得生成于 Se-hcp-Ni 位的金属配合物 HCO-IM ($E_{ads} = -2.62\text{eV}$) 经过渡态 TS2-2′ 迁移至更稳定的 Se-bridge-ZrNi 位，生成吸附能较大的 HCO ($E_{ads} = -3.46\text{eV}$)，反应放热 0.84eV；该迁移过程使得 ZrNi(211) 表面上 CH$_4$ 形成的势能图明显下移，这就是 "Ni-Zr" 活性位显著降低 CH$_4$ 生成总能垒的原因。

4.7.4　助剂 Zr 对 CH$_4$ 生成选择性的影响

图 4-15 给出了阶梯 Ni(211) 面和助剂 Zr 掺杂的 ZrNi(211) 面上 CH$_4$ 形成机理和 CH$_4$ 选择性提高示意。

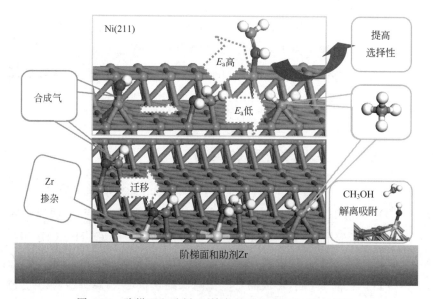

图 4-15　阶梯面和助剂 Zr 掺杂的 ZrNi(211) 面上 CH$_4$
形成机理及 CH$_4$ 选择性提高示意

在 Ni(211) 面，因 CH$_2$OH 加氢生成 CH$_3$OH 的能垒大于 C—O 键断裂生成 CH$_2$ 的能垒，CH$_4$ 生成优先于 CH$_3$OH 的生成；并在实验条件下以 Microkinetic modeling 计算 CH$_4$ 和 CH$_3$OH 的生成速率。结果表明，同一温度下，CH$_4$ 生成速率 r_{CH_4} 大于 CH$_3$OH 的生成速率 r_{CH_3OH}；相对选择性 S_{CH_4} 随着温度升高而增大，而 S_{CH_3OH} 随着温

度升高明显降低，因此，DFT 计算和微观动力学都表明 CO 甲烷过程中 CH_4 的选择性大于 CH_3OH。由于 CH_3OH 在 ZrNi(211) 面上是解离吸附态，因此 Zr 掺杂的 Ni(211) 上无 CH_3OH 生成。

4.7.5　助剂 Zr 与 Ni 的协同机理

纵观 ZrNi(211) 面上整个 CH_4 形成过程 $CO \rightarrow HCO \rightarrow CH_2O \rightarrow CH_2OH \rightarrow CH_2 \rightarrow CH_3 \rightarrow CH_4$，助剂 Zr 与 Ni 协同作用稳定了 HCO，活化了 CH_2OH，降低了 CH_4 形成的总能垒。助剂 Zr 的协同作用主要体现在对 HCO 的稳定、对 CH_2OH 中 C—O 键的活化以及对 CH_3OH 的自发解离。为了阐明 Zr 促进 CO 甲烷化高活性以及 CH_4 形成高选择性的微观原因，表 4-7 分别给出了 Ni(211) 和 ZrNi(211) 表面上 HCO、CH_2OH 和 CH_3OH 物种 C、O、H 原子以及与 C、O 相连的 Ni、Zr 原子的荷电量 q。

表 4-7　Ni(211) 和 ZrNi(211) 表面上 HCO、CH_2OH 和 CH_3OH 物种 C、O、H 原子以及与 C、O 相连的 Ni、Zr 原子的荷电量 q

物种	HCO		CH_2OH		CH_3OH	
表面	Ni(211)	ZrNi(211)	Ni(211)	ZrNi(211)	Ni(211)	ZrNi(211)
电荷 (q) /e	Ni^C(15.92)	Ni^C(16.05)	Ni^C(15.93)	Ni^C(16.05)		
	Ni^O(15.77)	Zr^O(10.38)	Ni^O(15.82)	Zr^O(10.43)	Ni^O(15.88)	Zr^O(10.24)
	O(7.60)	O(7.65)	O(7.58)	O(7.58)	O(7.63)	O(7.63)
	C(2.87)	C(3.03)	C(3.81)	C(3.96)	C(3.52)	C(4.41)
			H^O(0)	H^O(0)	H^O(0)	H^O(0)
	1-H^C(0.85)	1-H^C(0.87)	1-H^C(0.89)	1-H^C(0.88)	1-H^C(0.97)	1-H^C(0.81)
			2-H^C(0.86)	2-H^C(0.91)	2-H^C(0.95)	2-H^C(0.85)
					3-H^C(0.89)	3-H^C(0.91)

注："Ni^C" 表示与 C 原子相连的 Ni 原子；"Zr^O" 表示与 O 原子相连的 Zr 原子。

Zr 与 Ni 都是外层有 d 电子的过渡金属，Zr 的外层有 10 个电子，其构型是 $4p^6 5s^2 4d^2$，Ni 的外层有 16 个电子，其构型是 $3p^6 4s^2 3d^8$。由表 4-7 可知，在 Ni(211) 表面上，与 HCO 和 CH_2OH 相连的 "Ni^C" 外层电子数分别为 15.92 和 15.93，都小于 16，处于缺电子状态；而在 ZrNi(211) 表面上，与 HCO 和 CH_2OH 相连的 "Ni^C" 外层电子数都大于 16，表现为富电子状态。究其原因，掺杂于阶梯位的 Zr 原子，其外层 d 电子离域，Zr 通过向邻近的 Ni 提供电子而丰富表面 Ni 原子的 d 带电子密度，"Zr→Ni"的电子转移是助剂 Zr 协同催化的关键。

为了进一步探究 Zr 与 HCO、CH₂OH 和 CH₃OH 的相互作用，分析 Zr→Ni 的电子转移对 HCO 的稳定及 CH₂OH、CH₃OH 中 C—O 键活化的影响，图 4-16、图 4-17 和图 4-12 分别给出了 HCO、CH₂OH 和 CH₃OH 在 Ni(211) 和 ZrNi(211) 表面上的投影分波态密度（pDOS）。

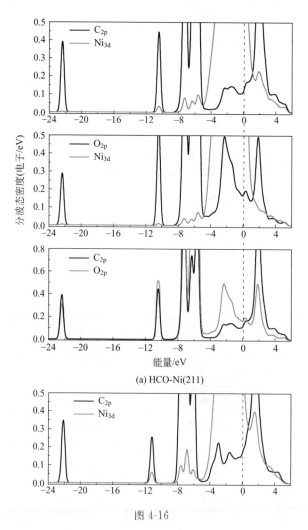

(a) HCO-Ni(211)

图 4-16

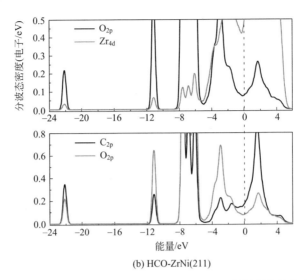

(b) HCO-ZrNi(211)

图 4-16　HCO 在 Ni(211) 和 ZrNi(211) 表面上的投影分波态密度

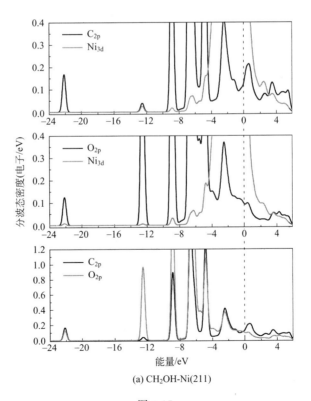

(a) CH₂OH-Ni(211)

图 4-17

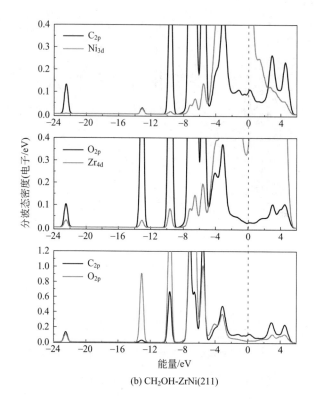

(b) CH$_2$OH-ZrNi(211)

图 4-17　CH$_2$OH 在 Ni(211) 和 ZrNi(211) 表面上的投影分波态密度

对于 HCO，在图 4-16 中，相比 Ni(211) 面上 O$_{2p}$ 与 Ni$_{3d}$ 轨道间较弱的杂化，ZrNi(211) 面上 O$_{2p}$ 与 Zr$_{4d}$ 轨道重叠较大，O—Zr 键明显强于 O—Ni 键；Ni 得到 Zr 转移的电子，Ni$_{3d}$ 与 C$_{2p}$ 轨道重叠部分增大，C—Ni 键增强，表明 Zr 与 O 的强相互作用和 "Zr→Ni" 的电子转移增强了 O—Zr 和 C—Ni 键，稳定了 HCO。同时，随着 "Zr→Ni" 的电子转移，ZrNi(211) 面上较多的电子从 Zr$_{4d}$ 和 Ni$_{3d}$ 转移到 C—O 反键轨道，C—O 键活化，轨道能下移。

对于 CH$_2$OH，在图 4-17 中，相似于 HCO 电子态，Zr→Ni 的电子离域，使 CH$_2$OH 的 C—Ni、O—Zr 键增强，C—O 键减弱，轨道能下移。同时，随着 C 和 O 上还原性 H 原子的增加，CH$_2$OH 饱和度增大，C$_{2p}$ 轨道得到多个 H 转移的电子，C 的正电荷减少，C 对负电荷 O 的吸引力减小，C—O 键减弱；C—O 键进一步活化，C—O键均裂产生 CH$_2$ 自由基的能垒降低，仅为 0.01eV，过渡态虚频仅

28i，这使得 CO 甲烷化活性显著提高。直至 ZrNi（211）面上 CH$_3$OH 的 C$_{2p}$ 与 O$_{2p}$ 轨道间几乎无重叠（见图 4-12），C—O 键自发解离，ZrNi(211) 面上无 CH$_3$OH 生成。

综上，Zr→Ni 的电子离域、Zr 与 O 的强相互作用以及 C 和 O 上还原性 H 原子的增加，这三者协同产生的"给电子诱导"效应减弱了 C 的正电性，降低了 C—O 键的极性，增大 C—O 断键概率的同时减小 CH$_3$OH 生成的概率，这使得"Ni 缺陷 B5"活性位上"Ni-Zr"活性位高活性、高选择性地生成 CH$_4$。

4.7.6　助剂 Zr 的角色

图 4-18 给出了助剂 Zr 在 CO 甲烷化反应中的角色示意。

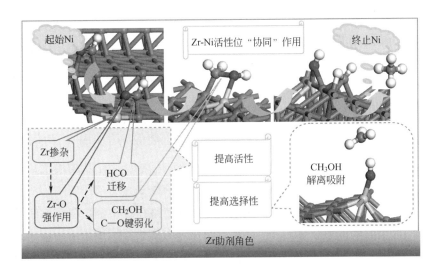

图 4-18　助剂 Zr 在 CO 甲烷化反应中的角色示意

Zr 对 Ni 的协同作用一方面体现在 Zr 对 Ni 有电荷转移，掺杂于阶梯的 Zr 原子通过向邻近的 Ni 提供电子而丰富表面 Ni 原子的 d 带电子密度，增强 Ni 的还原性；另一方面体现在 Zr 对含氧物种的 O 原子的强相互作用，活化 C—O 键，提高 CO 甲烷化的活性；随着 C 和 O 上 H 原子数增加，即饱和度增大，C—O 键活化程度增大，C$_{2p}$ 与 O$_{2p}$ 轨道间的杂化程度减弱，CH$_2$OH 的 C—O 断键能垒降低；直至 CH$_3$OH 的 C$_{2p}$ 与 O$_{2p}$ 轨道间几乎无重叠，C—O 键自发解离，

ZrNi(211) 面上无 CH_3OH 生成。

4.8 ZrNi(211)表面上 C 形成机理

由第 3 章研究结果得，配位不饱和的阶梯 Ni(211) 面上 "Ni 缺陷 B5 位" 既是 CH_4 生成的活性位，也是表面 C 形成的位置[23,24]，积炭发生在 Ni 催化剂的阶梯 Ni(211) 面上。考察 Zr 掺杂的阶梯面上 C 形成的微观机理，对比 C 成核和 C 消除的难易程度，确定对 CH_4 形成具有高活性高选择性的 ZrNi(211) 面是否能抑制积炭、提高 Ni 催化剂的稳定性，为助剂 Zr 对 Ni 催化合成气制甲烷的应用提供理论依据。

4.8.1 表面 C 形成

与 Ni(211) 面相似，在 ZrNi(211) 表面上，起始 CO，经 C—O 和 C—H 键[25]，断裂形成表面 C 的反应结构、路径和势能图及相关反应起始态、过渡态和末态结构呈现于书后彩图 18 中。C 形成相关反应的能量列在表 4-6。除了 CO 直接解离、COH 解离（H 助 CO 解离）和 CO 歧化所致的 C—O 键断裂反应外，CH_4 形成最优路径中 CH_2 热解所致的 C—H 键断裂也可形成 C。

在 ZrNi(211) 面上 CH_4 生成的最优路径 2-5 中，存在 CH_4 和 C 形成的共同中间体 CH_2，CH_2 经 R2-21 和 R2-22 发生 C—H 键断裂生成 C，且 CH_2 逐步热解为 C 的过渡态 TS2-21 和 TS2-22 分别与其逆反应 C 顺序加氢生成 CH_2 的过渡态 TS2-5 和 TS2-20 一致。另外，在 ZrNi(211) 面上，CO 歧化经 R2-23 生成 C；在 TS2-23，已断裂的 C—O 距离为 1.839Å，形成的 C—O 键为 1.286Å；反应的活化能为 2.83eV，吸热 0.12eV。

在书后彩图 18 中，ZrNi(211) 面上 CO 直接解离、CO 歧化、COH 解离和 CH_4 生成最优路径 2-5 CO→HCO→CH_2O→CH_2OH→CH_2→CH_3→CH_4 导致表面 C 形成所需的总能垒分别为 3.20eV、2.83eV、3.11eV 和 1.59eV；基于总能垒，仅有 CH_4 生成最优路径中 CH_2 的热解可导致表面 C 形成。且 CH_2 氢化所需的能垒比解离小

0.25eV，CH$_4$ 的生成优先于 C。

4.8.2　表面 C 成核和 C 消除

书后彩图 19 给出了 ZrNi(211) 表面上 C 成核和 C 消除反应的势能图以及反应的起始态、过渡态和末态结构；表 4-6 给出了这些相关反应的活化能和热量。

在 ZrNi(211) 面上，由 CH$_4$ 生成最优路径中 CH$_2$ 热解形成的表面 C 原子，可能经 R2-24 和 R2-25 生成 C$_3$ 而聚集成核，也可能经 R2-20 氢化生成 CH 而去除。聚成的 C$_2$ 和 C$_3$ 物种分别以吸附能 −7.68eV 和 −6.69eV 吸附于 ZrNi(211) 面的下台阶，其 C—C—C 链沿环形向 Ni(111) 方向伸展；C 聚合生成 C$_2$ 和 C$_3$ 的活化能分别为 1.47eV 和 1.69eV，过程吸热量分别为 0.37eV 和 0.31eV。

由文后彩图 19 可知，表面 C 聚集生成 C$_2$ 所需能垒比 C 加氢生成 CH 能垒高 0.70eV，且 C$_3$ 生成较 C$_2$ 生成所需能垒更高；因此，相比 C 聚集生成 C$_2$ 和 C$_3$，表面 C 优先被氢化成 CH。这样，Zr 掺杂于 "Ni 缺陷 B5 位" 所形成的 "Ni-Zr" 活性位不仅能提高 CH$_4$ 生成的活性和选择性，而且能抑制积炭，提高 Ni 催化剂的稳定性。

4.9　助剂对 CO 甲烷化的影响

本章基于 La 和 Zr 协同 Ni 提高 CO 甲烷化反应性的实验事实，研究了 LaNi(111) 和 ZrNi(211) 面上 CH$_4$ 生成机理，讨论了助剂 La 和 Zr 对 CH$_4$ 生成路径、活性和选择性的影响，分析了 C 生成、C 聚集和 C 消除对 Ni 催化剂稳定性的影响。得到以下结论：

① 在 LaNi(111) 表面上，通过 C 或 H 吸附的物种 C、CH、CH$_2$、CH$_3$、CH$_4$ 和 H，其吸附构型和吸附能与 Ni(111) 面相近；相比 Ni(111) 面，仅通过 O 与表面吸附的物种 O、OH、H$_2$O、CH$_3$O 和 CH$_3$OH 吸附构型有明显变化，由 O—Ni 键变为 O—La 键，吸附能明显增大，表明 O—La 键强于 O—Ni 键，La—O 强相互作用可能会促进 C—O 的断裂，从而提高 CO 甲烷化的活性。通过 C 和 O 与表面吸附的物种 HCO、CH$_2$O、HCOH、CH$_2$OH 和 CO$_2$，

O 原子会靠近表面的 La 原子，整个吸附小分子发生倾斜，导致 O 与表面的 Ni 作用减弱，从而仅通过 C 吸附于 LaNi(111) 表面，且吸附能有一定程度的增加。

② 在 LaNi(111) 表面，CH_4 形成的最优路径分别为路径 1-1、路径 1-4 和路径 1-10；这三条路径对应于 HCO、CH_2O 和 CO 发生 C—O 键断裂生成 CH、CH_2、C 和 O，之后连续加氢生成最终产物 CH_4 和 H_2O，所对应的总能垒分别为 1.96eV、1.99eV 和 1.98eV。相比 Ni(111) 表面上 CH_4 形成最优路径所对应的总能垒 2.33eV 和 2.30eV，La 掺杂的 LaNi(111) 表面降低了 CH_4 形成的总能垒，提高了 CO 甲烷化的活性。相比副产物 CH_3OH 形成路径 1-6 CO→HCO→CH_2O→CH_3O→CH_3OH 所对应的总能垒 2.58eV，CH_4 形成优先于 CH_3OH 的生成，助剂 La 的掺杂提高了 CH_4 的选择性。

③ 由 CO 直接解离、COH 解离（H 助 CO 解离）和 CO 歧化所致的 C—O 键断裂以及 CH_4 形成最优路径中 CH 解离所致的 C—H 键断裂是 C 形成的来源。在 LaNi(111) 面，由 CH 加氢生成 CH_2 与 CH 解离生成 C 所需的活化能 0.70eV 和 0.97eV 可知，CH 氢化易于解离，CH_4 形成优先于 C 形成；相比 CH_4 形成最优路径中 C 形成的总能垒，经 COH 解离生成 C 的总能垒更高，而 CO 歧化、CO 直接解离导致的 C 生成更容易；因此，尽管助剂 La 能提高 CO 甲烷化活性和 CH_4 选择性，但大量 C 的生成会影响 Ni 的催化性能。

④ 在 ZrNi(211) 面上，通过 C 原子与表面相连的吸附物种 CO、COH、C、CH、CH_2、CH_3 和 CH_4，其吸附构型、吸附位及吸附能与 Ni(211) 面相近，这些物种与两个面的电荷转移量 q 也是相近的，表明其对表面结构不敏感。通过 O 和（或）C 原子与表面相连的吸附物种 O、OH、CH_3O、HCO、CH_2O、CH_2OH、CO_2、HCOH、H_2O 和 CH_3OH，与 Ni(211) 面相连是通过 O—Ni 键，而与 ZrNi(211) 面相连是通过 O—Zr 键；由于 O—Zr 键强于 O—Ni 键，使得这些物种在 ZrNi(211) 面上的吸附能明显大于在 Ni(211) 面上的吸附能，与 ZrNi(211) 面的电荷转移量 q 明显大于与 Ni(211) 面的电荷转移量，表明这些物种与 ZrNi(211) 面的相互作用大于与 Ni(211) 面的相互作用，即含氧物种对表面结构敏感。

⑤ Zr 的掺杂使吸附于 Ni(211) 面 Se-top 位的 CH_3OH 以解离吸

附形式吸附于 Se-top-Zr 位，由 CH_3OH 在 ZrNi(211) 表面上的投影分波态密度可知，ZrNi(211) 面上 C_{2p} 与 O_{2p} 轨道间没有杂化，Zr 的掺杂活化了 C—O 键，C—O 键自发解离，CH_3OH 在 ZrNi(211) 面上是解离吸附态。由于 CH_3OH 在 ZrNi(211) 面上是解离吸附态，因此，Zr 掺杂的 Ni(211) 上无 CH_3OH 生成。

⑥ 由 Ni(211) 和 ZrNi(211) 表面上 CH_4 形成的最优路径势能图可知，在 ZrNi(211) 面，CH_4 形成的有利路径为路径 2-5，其总能垒为 1.59eV，反应热为 0.59eV。相比 Ni(211) 表面上 CH_4 形成最优路径的总能垒，ZrNi(211) 表面明显降低了 CH_4 形成的总能垒，提高了 CO 甲烷化的活性。究其原因，强 O—Zr 键生成于 Se-hcp-Ni 位的金属配合物 HCO-IM 迁移至更稳定的 Se-bridge-ZrNi 位，形成吸附能较大的 HCO，迁移过程所放的较大热量使 ZrNi(211) 面上 CH_4 形成的势能图明显下移，生成 CH_4 的总能垒显著降低。

⑦ Zr 对 Ni 的协同作用一方面体现在 Zr 对 Ni 有电荷转移，掺杂于阶梯的 Zr 原子通过向邻近的 Ni 提供电子而丰富表面 Ni 原子的 d 带电子密度，增强 Ni 的还原性；另一方面体现在 Zr 对含氧物种的 O 原子的强相互作用，活化 C—O 键，提高 CO 甲烷化的活性；随着 C 和 O 上 H 原子数增加，即饱和度增大，C—O 键活化程度增大，C_{2p} 与 O_{2p} 轨道间的杂化程度减弱，CH_2OH 的 C—O 断键能垒降低；直至 CH_3OH 的 C_{2p} 与 O_{2p} 轨道间几乎无重叠，C—O 键自发解离，ZrNi(211) 面上无 CH_3OH 生成。

参考文献

[1] Chen W C，Yang W，Xing J D，Liu L，Sun H L，Xu Z X，Luo S Z，Chu W. Promotion effects of La_2O_3 on Ni/Al_2O_3 catalysts for CO_2 methanation [J]. Adv. Mater. Res.，2015，1118：205-210.

[2] Wang M W，Luo L T，Li F Y，Wang J J. Effect of La_2O_3 on methanation of CO and CO_2 over Ni-Mo/γ-Al_2O_3 catalyst [J]. J. rare earth.，2000，18（1）：22-26.

[3] Lebarbier V M，Mei D，Kim D H，Andersen A，Male J L，Holladay J E，Rousseau R，Wang Y. Effects of La_2O_3 on the mixed higher alcohols synthesis from syngas over Co catalysts: a combined theoretical and experimental study [J]. J. Phys. Chem. C，2011，115（115）：17440-17451.

[4] Qian L P，Ma Z，Ren Y，Shi H，Yue B，Feng S J，Shen J Z，Xie S H. Investigation of La

promotion mechanism on Ni/SBA-15 catalysts in CH_4 reforming with CO_2 [J]. Fuel, 2014, 122 (12): 47-53.

[5]　新民，郝茂荣，姚亦淳，格日勒. 镍基甲烷化催化剂中的助剂作用 I：稀土氧化物添加剂的电子效应 [J]. 分子催化，1990，4：321-328.

[6]　Gantefiir G，Icking-Konert G S，Handschuh H，Eberhardt W. CO chemisorption on Ni_n, Pd_n and Pt_n clusters [J]. Int. J. of Mass Spectrom.，1996，159 (1996)：81-109.

[7]　Liu Q，Gu F N，Lu X P，Liu Y J，Li H F，Zhong Z Y，Xu G W，Su F B. Enhanced catalytic performances of Ni/Al_2O_3 catalyst via addition of V_2O_3 for CO methanation [J]. Appl. Catal. A：Gen.，2014，488：37-47.

[8]　Lee G D，Moon M J，Park J H，Park S S，Hong S S. Raney Ni catalysts derived from different alloy precursors Part II. CO and CO_2 methanation activity [J]. Korean J. Chem. Eng.，2005，22 (4)：541-546.

[9]　Li K，Yin C，Zheng Y，He F，Wang Y，Jiao M G，Tang H，Wu Z J. DFT study on the methane synthesis from syngas on Cerium-doped Ni(111) surface [J]. J. Phys. Chem. C，2016，120 (40)：23030-23043.

[10]　Zhang Z L，Verykios X E，MacDonald S M，Affrossman S. Comparative study of carbon dioxide reforming of methane to synthesis gas over Ni/La_2O_3 and conventional nickel-based catalysts [J]. J. Phys. Chem.，1996，100 (2)：744-754.

[11]　Shukla S，Seal S，Vij R，Bandyopadhyay S，Rahman Z. Effect of nanocrystallite morphology on the metastable tetragonal phase stabilization in zirconia [J]. Nano Lett.，2002，2 (9)：989-993.

[12]　Yang M H，Li Y，Li J H，Liu B X. Atomic-scale simulation to study the dynamical properties and local structure of Cu-Zr and Ni-Zr metallic glass-forming alloys [J]. Phys. Chem. Chem. Phys.，2016，18 (10)：7169-7183.

[13]　Boudjennad E，Chafi Z，Ouafek N，Ouhenia S，Keghouche N，Minot C. Experimental and theoretical study of the Ni-(m-ZrO_2) interaction [J]. Surf. Sci.，2012，606 (15-16)：1208-1214.

[14]　Liu Q，Gu F N，Zhong Z Y，Xu G W，Su F B. Anti-sintering ZrO_2-modified Ni/α-Al_2O_3 catalyst for CO methanation [J]. RSC Adv.，2016，6 (25)：20979-20986.

[15]　Yao L，Shi J，Xu H L，Shen W，Hu C W. Low-temperature CO_2 reforming of methane on Zr-promoted Ni/SiO_2 catalyst [J]. Fuel Process. Technol.，2016，144：1-7.

[16]　Li H D，Ren J，Qin X，Qin Z F，Lin J Y，Li Z. Ni/SBA-15 catalysts for CO methanation：effects of V，Ce，and Zr promoters [J]. RSC Adv.，2015，5 (117)：96504-96517.

[17]　Yang X Z，Wang X，Gao G J，Wendurima，Liu E M，Shi Q Q，Zhang J A，Han C H，Wang J，Lu H L，Liu J，Tong M. Nickel on a macro-mesoporous Al_2O_3@ZrO_2 core/shell nanocomposite as a novel catalyst for CO methanation [J]. Int. J. Hydrogen Energy，2013，38 (32)：13926-13937.

［18］ Liu Q, Gao J J, Gu F N, Lu X P, Liu Y J, Li H F, Zhong Z Y, Liu B, Xu G W, Su F B. One-pot synthesis of ordered mesoporous Ni-V-Al catalysts for CO methanation ［J］. J. Catal., 2015, 326: 127-138.

［19］ Lu X P, Gu F N, Liu Q, Gao J J, Liu Y J, Li H F, Jia L H, Xu G W, Zhong Z Y, Su F B. VO$_x$ promoted Ni catalysts supported on the modified bentonite for CO and CO$_2$ methanation ［J］. Fuel Process. Technol., 2015, 135: 34-46.

［20］ Zhang J Y, Xin Z, Meng X, Lv Y H, Tao M. Effect of MoO$_3$ on structures and properties of Ni-SiO$_2$ methanation catalysts prepared by the hydrothermal synthesis method ［J］. Ind. Eng. Chem. Res., 2013, 52 (41): 14533-14544.

［21］ Teoh W Y, Doronkin D E, Beh G K, Dreyer J A H, Grunwaldt J D. Methanation of carbon monoxide over promoted flame-synthesized cobalt clusters stabilized in zirconia matrix ［J］. J. Catal., 2015, 326: 182-193.

［22］ Liu Q, Zhong Z Y, Gu F N, Wang X Y, Lu X P, Li H F, Xu G W, Su F B. CO methanation on ordered mesoporous Ni-Cr-Al catalysts: effects of the catalyst structure and Cr promoter on the catalytic properties ［J］. J. Catal., 2016, 337: 221-232.

［23］ Andersson M P, Abild-Pedersen F, Remediakis I N, Bligaard T, Jones G, Engbæk J, Lytken O, Horch S, Nielsen J H, Sehested J, Rostrup-Nielsen J R, Nørskov J K, Chorkendorff I. Structure sensitivity of the methanation reaction: H$_2$-induced CO dissociation on nickel surfaces ［J］. J. Catal., 2008, 255 (1): 6-19.

［24］ Chae S J, Güneş F, Kim K K, Kim E S, Han G H, Kim S M, Shin H J, Yoon S M, Choi J Y, Park M H, Yang C W, Pribat D, Lee Y H. Synthesis of large-area graphene layers on poly-nickel substrate by chemical vapor deposition: wrinkle formation ［J］. Adv. Mater., 2009, 21 (22): 2328-2333.

［25］ Kopyscinski J, Schildhauer T J, Biollaz S M. A. Fluidized-bed methanation: interaction between kinetics and mass transfer ［J］. Ind. Eng. Chem. Res., 2011, 50 (5): 2781-2790.

第 5 章

Ni₄-ZrO₂（111）、Ni₁₃-ZrO₂（111）和 ZrNi₃-Al₂O₃（110）表面 CO 甲烷化：Zr 存在形式的影响

由第 4 章可知，助剂 Zr 对 Ni 有电荷转移作用，掺杂于 Ni(211) 表面的阶梯 Zr 原子通过向邻近的 Ni 提供电子而丰富表面 Ni 原子的 d 带电子密度，增强 Ni 的还原性，活化 C—O 键，促进 CH_4 的生成。同时，掺杂的 Zr 不仅能提高 CO 甲烷化的活性和选择性，而且能抑制积炭，提高 Ni 催化剂的稳定性。事实上，催化反应发生在分散于 ZrO_2 载体的活性 Ni 微粒表面上，Zr 与 Ni 协同控制 CH_4 形成的活性和选择性；微粒的尺寸、形貌和组成影响催化剂的稳定性，对缓解其不可逆失活至关重要[1]。

本章构建 Ni₄-ZrO₂（111）和 Ni₁₃-ZrO₂（111）模型，优化 CO 甲烷化过程中反应物、中间体和产物在 Ni₄-ZrO₂(111) 和 Ni₁₃-ZrO₂ (111) 表面上的稳定吸附构型，确认催化剂表面的活性位；研究相关 C—H、C—O 和 O—H 成键及 C—O 断键所涉及的基元反应，以产品 CH_4 和副产物 CH_3OH 生成的总能垒为基础数据，鉴别 CH_4 形成有利路径的同时表征 CO 甲烷化活性和选择性，以此评价 Zr 存在形式对金属 Ni 催化性能的影响。

5.1 计算模型及参数

5.1.1 Ni₄-ZrO₂（111）和 Ni₁₃-ZrO₂（111）表面模型

立方 c-ZrO₂ 各晶面的表面能：（101）＜（001）＜（100）＜（111），

（111）面是 c-ZrO₂ 的稳定终端[2~4]；晶胞参数 $a = 5.13$Å，与 5.088Å[5] 一致；Zr-O 键长为 2.22Å；Ni-Zr 键长 2.81Å 与 Ni/c-ZrO₂(111)界面的 Ni-Zr 键长 2.72Å[6] 一致。

ZrO₂(111) 面模型采用 9 层 p(3×3) 的超胞，包含 3 个三层的 O-Zr-O 单元，以 O$_u$ 表示 Zr 上面的 O 原子，O$_d$ 表示 Zr 下面的 O 原子；底部 4 层原子固定，上部 5 层原子以及吸附物种弛豫；为忽略相邻两片层之间作用力，真空层厚度设为 15Å，布里渊区的 K 点为 2×2×1，截断能为 400eV。模型如图 5-1 所示。

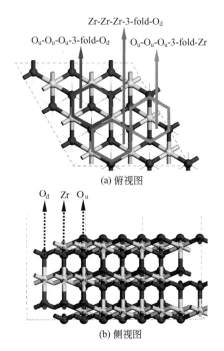

(a) 俯视图

(b) 侧视图

图 5-1　ZrO₂(111) 表面俯视和侧视结构

在 ZrO₂ (111) 表面上，暴露的原子 O$_u$、Zr 和 O$_d$ 形成的吸附位有 Zr-O$_u$-bridge、Zr-O$_d$-bridge、O$_u$-O$_u$-O$_u$-3-fold-O$_d$、O$_u$-O$_u$-O$_u$-3-fold-Zr 和 Zr-Zr-Zr-3-fold-O$_d$。根据式（2-20）计算 Ni₄ 和 Ni₁₃ 簇与 ZrO₂ (111) 基底的相互作用能 E_{int} 并列在表 5-1。

由表 5-1 可知，Ni₄ 和 Ni₁₃ 簇在 ZrO₂ (111) 基底 O$_u$-O$_u$-O$_u$-3-fold-O$_d$、O$_u$-O$_u$-O$_u$-3-fold-Zr 和 Zr-Zr-Zr-3-fold-O$_d$ 位所对应的吸附能都为负，吸附过程放热较多，表明 Ni₄ 和 Ni₁₃ 簇与 ZrO₂ (111) 基

表 5-1　**Ni₄ 和 Ni₁₃ 簇负载于 ZrO₂(111) 基底不同吸附位的相互作用能**

吸附位	相互作用能 E_{int}/eV		
	Ni₄		Ni₁₃
	$p(2×2)$	$p(3×3)$	$p(3×3)$
O_u-O_u-O_u-3-fold-O_d	-2.21	-2.37	2.74
O_u-O_u-O_u-3-fold-Zr	-2.40	-2.58	-2.74
Zr-Zr-Zr-3-fold-O_d	-2.21	-2.36	—

注："—"表示该吸附位的 Ni₁₃ 簇有形变。

底间存在较强的金属载体间相互作用。

在 Ni/ZrO₂ 界面，Ni₄ 簇优先占据顶位氧原子，相应构型具有最大的相互作用能[7]。Pd 优先吸附于 ZrO₂(111)面低配位的 O-top 位[8]；在 ZrO₂(111)表面的 O_u、O_d、Zr 原子中，Cu、Ag、Au 优先吸附于 O_u-M-Zr 桥位(M=Cu、Ag、Au)，且互相接触的两个原子间电荷密度的极化导致相互作用的产生[9]。基于相互作用能，Ni₄ 和 Ni₁₃ 簇在 O_u-O_u-O_u-3-fold-Zr 吸附位的能量最低，相应的吸附构型最稳定；以此建立负载于 ZrO₂(111)基底的 Ni₄ 和 Ni₁₃ 簇模型，记作 Ni₄-ZrO₂(111)和 Ni₁₃-ZrO₂(111)，如图 5-2 所示。

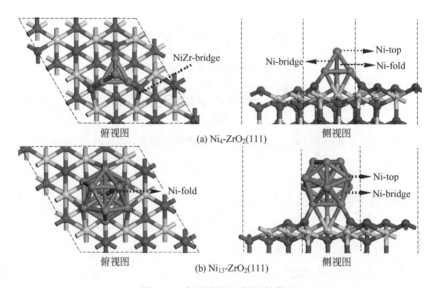

图 5-2　表面俯视和侧视结构图

Ni₄-ZrO₂ (111) 表面存在 Ni-top、Ni-bridge、Ni-fold 以及 Ni₄

簇与载体 ZrO$_2$（111）界面处 NiZr-bridge 位，Ni$_{13}$-ZrO$_2$（111）表面仅存在 Ni-top、Ni-bridge 和 Ni-fold 位。

5.1.2 Ni₄-ZrO₂（111）和 Ni₁₃-ZrO₂（111）表面特性

（1）羟基化

考察 OH 在 Ni$_4$-ZrO$_2$(111)面上不同位置的吸附，以期较真实的表达 CO 甲烷化反应条件下，负载 Ni$_4$ 簇的 ZrO$_2$(111)面上羟基化的情况。表 5-2 分别给出了 OH 吸附于靠近 Ni 的 Zr-top 位、离 Ni 较远的 Zr-top 位以及 Ni-Zr-bridge 位优化前、优化后的构型。

表 5-2　Ni₄-ZrO₂(111) 表面上 OH 的稳定吸附位

优化前摆放位置	优化前构型	优化后构型	稳定吸附位
OH 吸附构型-1 （靠近 Ni 的 Zr-top）			NiZr-bridge
OH 吸附构型-2 （离 Ni 较远的 Zr-top）			NiZr-bridge
OH 吸附构型-3 （Ni-Zr-bridge）		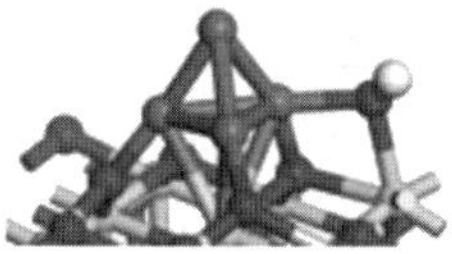	NiZr-bridge

优化结果表明，尽管 ZrO$_2$(111) 表面 Zr 是不饱和的，OH 在 Ni$_4$-ZrO$_2$(111) 面上的稳定位不是 Zr-top 位，而是 Ni-Zr-bridge 位，因此，负载 Ni$_4$ 簇的 ZrO$_2$(111) 面不容易被羟基化。

（2）电子特性

图 5-3 给出了 Ni$_4$-ZrO$_2$(111) 和 Ni$_{13}$-ZrO$_2$(111) 表面 d 带中心的投影分波态密度。由式（2-22）计算得，Ni$_4$-ZrO$_2$(111) 和 Ni$_{13}$-

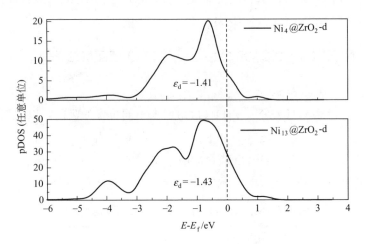

图 5-3　Ni₄-ZrO₂(111) 和 Ni₁₃-ZrO₂(111)
表面 d 带中心的投影分波态密度

ZrO₂(111) 表面的 d 带中心平均能 ε_d 分别为 $-1.41eV$ 和 $-1.43eV$，相比较，Ni₄-ZrO₂(111) 表面的 d 带中心靠近费米能级，因此尺寸较小的 Ni 微粒具有较高的反应性。

5.2 Ni₄-ZrO₂（111）和 Ni₁₃-ZrO₂（111）表面物种的吸附

5.2.1 H₂ 解离吸附

在 Ni₄-ZrO₂(111) 和 Ni₁₃-ZrO₂(111) 表面，H₂ 分子均吸附于 Ni-top 位，吸附能分别为 $-0.32eV$ 和 $-0.53eV$；图 5-4 给出了两个表面上 H₂ 解离吸附的能量结构。

吸附于 Ni₄-ZrO₂(111) Ni-top 位的 H₂ 分子经 TS1-1 解离为吸附于两个相邻 Ni-fold 位的 H 原子，该过程放热 0.56eV，且仅需克服 0.27eV 的活化能垒；由此可知，H₂ 解离在 Ni₄-ZrO₂(111) 表面上容易发生。在 Ni₁₃-ZrO₂(111) 表面，H₂ 分子自发解离为吸附于两个相间 Ni-fold 位的 H 原子，过程放热 0.88eV；因此，在 Ni₄-ZrO₂(111) 和 Ni₁₃-ZrO₂(111) 表面上，H₂ 分子主要以解离吸附形式存在。

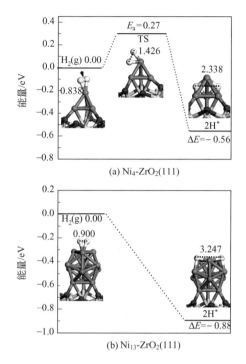

图 5-4　Ni₄-ZrO₂(111) 和 Ni₁₃-ZrO₂(111) 表面 H₂ 解离吸附的能量结构

5.2.2　以 C—Ni、O—Ni 和 O—Zr 键吸附的物种

　　Ni₄-ZrO₂(111) 和 Ni₁₃-ZrO₂(111) 表面上 CO 甲烷化涉及的各物种的稳定吸附构型如书后彩图 20，书后彩图 21 所示，表 5-3 列出了两个表面上各个稳定吸附构型对应的吸附位和吸附能。

　　CO、COH、C、CH、CH₂ 和 CH₃ 和 CH₄ 物种仅通过 C 原子与两个表面相连；除了 CH₄ 是物理吸附，其余均为化学吸附；且随着 Ni 簇增大，CH₄ 的吸附能减小并接近于 Ni(111) 和 Ni(211) 表面。对于 CO、COH、C、CH、CH₂ 和 CH₃，与 Ni₄-ZrO₂(111) 面上的吸附相比，其在 Ni₁₃-ZrO₂(111) 上的吸附能明显增加；表明随着 Ni 微粒尺寸的增大，CO、COH、C、CH、CH₂ 和 CH₃ 吸附能增加。

　　O、OH、CH₂O 和 CH₃O 物种在两个表面上的吸附构型有明显区别；在 Ni₄-ZrO₂(111) 面上，其经 C—Ni 和 O—Zr 键吸附于界面。在 Ni₁₃-ZrO₂(111) 面上，这些吸附物种通过 C 和 O 原子与 Ni₁₃-ZrO₂(111) 表面的三个 Ni 相连。与 Ni₁₃-ZrO₂(111) 面上的吸

表 5-3　Ni$_4$-ZrO$_2$(111) 和 Ni$_{13}$-ZrO$_2$(111) 表面上 CO
甲烷化相关物种各个稳定吸附构型对应的吸附位和吸附能

物种	Ni$_4$-ZrO$_2$(111)		Ni$_{13}$-ZrO$_2$(111)	
	吸附位	E_{ads}/eV	吸附位	E_{ads}/eV
H$_2$	Ni-top	−0.32	Ni-fold	−0.53
C	Ni-fold	−6.98	Ni-fold	−8.04
H	Ni-fold	−2.70	Ni-fold	−3.02
O	NiZr-bridge	−5.75	Ni-fold	−6.58
CO	Ni-fold	−2.34	Ni-fold	−2.67
OH	NiZr-bridge	−3.96	Ni-fold	−4.10
H$_2$O	Ni-top	−0.33	Ni-top	−0.65
CH	Ni-fold	−6.33	Ni-fold	−7.05
CH$_2$	Ni-fold	−4.29	Ni-fold	−4.76
CH$_3$	Ni-bridge	−2.29	Ni-bridge	−2.46
CH$_4$	Ni-top	−0.09	Ni-top	−0.02
HCO	Ni-bridge	−2.78	Ni-fold	−3.47
COH	Ni-fold	−4.09	Ni-fold	−5.09
CH$_2$O	NiZr-bridge	−1.31	Ni-fold	−2.00
CH$_3$O	NiZr-bridge	−3.14	Ni-fold	−3.25
HCOH	Ni-bridge	−4.37	Ni-bridge	−4.55
CH$_2$OH	Ni-bridge	−2.14	Ni-bridge	−2.48
CH$_3$OH	Ni-top	−0.74	Ni-top	−0.76

附相比，其在 Ni$_4$-ZrO$_2$(111) 界面的吸附能明显减小；金属与载体的界面能促进这些物种的快速转化。

HCOH、CH$_2$OH、H$_2$O 和 CH$_3$OH 物种在两个表面上的吸附构型相似；都是通过 C 和 O 原子与两个 Ni 原子相连，且随着 Ni 簇增大，吸附能略有增加。

由书后彩图 21 可知，所有物种都通过 C 和（或）O 原子只与 Ni 相连。且由图 5-5 可知，随着 Ni 微粒尺寸的增大，吸附能有明显增加。

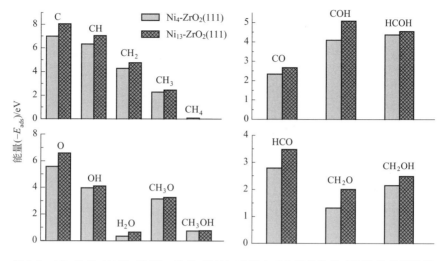

图 5-5　Ni₄-ZrO₂(111) 和 Ni₁₃-ZrO₂(111) 表面上 CO 甲烷化各表面物种的吸附能

5.3　Ni₄-ZrO₂（111）和 Ni₁₃-ZrO₂（111）表面上 CO 甲烷化机理

5.3.1　CO 活化

最初的 CO 经解离和加氢反应生成 C＋O、HCO 和 COH；书后彩图 22 给出了 Ni₄-ZrO₂(111) 和 Ni₁₃-ZrO₂(111) 表面上 CO 活化反应的势能图以及相关反应的起始态、过渡态和终态结构。

5.3.2　Ni₄-ZrO₂（111）和 Ni₁₃-ZrO₂（111）表面 CH₄ 生成

表 5-4 列出了 CH₄ 形成涉及的相关反应能量。书后彩图 23 和书后彩图 24 分别给出了 Ni₄-ZrO₂(111) 和 Ni₁₃-ZrO₂(111) 表面上 CO 甲烷化所涉及的相关反应的起始态、过渡态和末态结构。

在书后彩图 23 中，起始于 CO、HCO 和 COH 物种，CO 和 COH 可直接解离生成 C、O 和 OH；HCO 可经 C—H 和（或）O—H 成键反应连续氢化为 HCOH、CH₂O、CH₂OH 和 CH₃O，之后发生 C—O 键断裂反应生成 CH、CH₂、CH₃、O 和 OH；生成的 CH$_x$（x＝0～3）和 OH$_x$（x＝0～1）被逐步氢化为 CH₄ 和 H₂O。同时，中

表 5-4　Ni₄-ZrO₂(111) 和 Ni₁₃-ZrO₂(111) 表面上 CH₄
形成涉及的相关反应能量

反应	Ni$_4$-ZrO$_2$(111)				Ni$_{13}$-ZrO$_2$(111)			
	反应	E_a /eV	ΔE /eV	ν /cm^{-1}	反应	E_a /eV	ΔE /eV	ν /cm^{-1}
$H_2 \longrightarrow H+H$	R1-1	0.27	−0.56	779i	R2-1	—	−0.88	—
$CO \longrightarrow C+O$	R1-2	2.70	1.16	296i	R2-2	2.09	0.35	358i
$CO+H \longrightarrow HCO$	R1-3	1.14	1.10	158i	R2-3	1.13	1.09	189i
$CO+H \longrightarrow COH$	R1-4	1.85	1.68	40i	R2-4	2.04	1.26	1402i
$C+H \longrightarrow CH$	R1-5	0.56	−0.42	833i	R2-5	0.70	0.30	657i
$CH+H \longrightarrow CH_2$	R1-6	0.66	0.18	721i	R2-6	0.67	0.53	488i
$CH_2+H \longrightarrow CH_3$	R1-7	0.19	−0.29	112i	R2-7	0.82	0.47	760i
$CH_3+H \longrightarrow CH_4$	R1-8	0.55	0.22	639i	R2-8	0.80	0.66	59i
$O+H \longrightarrow OH$	R1-9	0.67	−0.49	1247i	R2-9	1.62	0.80	1146i
$OH+H \longrightarrow H_2O$	R1-10	1.44	0.97	831i	R2-10	1.14	0.80	780i
$HCO \longrightarrow CH+O$	R1-11	1.36	0.16	252i	R2-11	1.11	−0.63	307i
$HCO+H \longrightarrow HCOH$	R1-12	1.02	0.50	1099i	R2-12	1.34	1.28	354i
$HCOH \longrightarrow CH+OH$	R1-13	1.25	−1.05	232i	R2-13	0.06	−1.25	54i
$HCOH+H \longrightarrow CH_2OH$	R1-14	0.43	0.31	679i	R2-14	0.75	0.45	417i
$CH_2OH \longrightarrow CH_2+OH$	R1-15	0.52	−1.10	268i	R2-15	0.02	−1.12	86i
$CH_2OH+H \longrightarrow CH_3OH$	R1-16	0.62	−0.13	595i	R2-16	0.82	0.54	72i
$HCO+H \longrightarrow CH_2O$	R1-17	1.28	0.61	37i	R2-17	0.59	0.43	592i
$CH_2O \longrightarrow CH_2+O$	R1-18	0.65	−0.10	391i	R2-18	1.10	−0.76	366i
$CH_2O+H \longrightarrow CH_2OH$	R1-19	1.40	0.52	1378i	R2-19	1.53	1.15	1206i
$CH_2O+H \longrightarrow CH_3O$	R1-20	0.90	−0.13	125i	R2-20	1.19	0.50	221i
$CH_3O \longrightarrow CH_3+O$	R1-21	0.73	0.03	28i	R2-21	1.37	−0.85	552i
$CH_3O+H \longrightarrow CH_3OH$	R1-22	1.32	0.60	99i	R2-22	1.11	0.80	1102i
$COH \rightarrow C+OH$	R1-23	1.26	−0.30	296i	R2-23	0.42	−0.51	68i

注："—"表示该反应自发进行。

间体 CH₂OH 和 CH₃O 可被氢化为 CH₃OH。

在书后彩图 24 中，Ni₁₃-ZrO₂(111) 表面上，CH₄ 形成也是起始
于 CO、HCO 和 COH 物种，且 CH₄、H₂O 和 CH₃OH 形成的基元
反应与 Ni₄-ZrO₂(111) 表面一致。

基于这些基元反应，图 5-6 和图 5-7 分别给出了 Ni₄-ZrO₂(111) 和 Ni₁₃-ZrO₂(111) 表面上 CH₄、H₂O 和 CH₃OH 形成的反应路径和势能图。

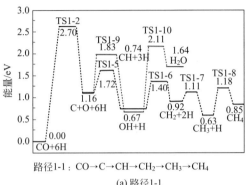

路径1-1：CO→C→CH→CH₂→CH₃→CH₄

(a) 路径1-1

路径1-2：CO→HCO→CH→CH₂→CH₃→CH₄

(b) 路径1-2

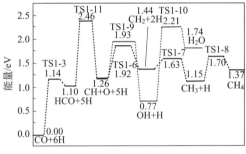

路径1-3：CO→HCO→HCOH→CH→CH₂→CH₃→CH₄

(c) 路径1-3

图 5-6

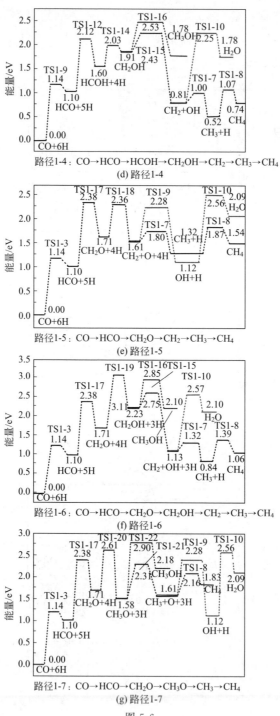

路径1-4：CO→HCO→HCOH→CH2OH→CH2→CH3→CH4

(d) 路径1-4

路径1-5：CO→HCO→CH2O→CH2→CH3→CH4

(e) 路径1-5

路径1-6：CO→HCO→CH2O→CH2OH→CH2→CH3→CH4

(f) 路径1-6

路径1-7：CO→HCO→CH2O→CH3O→CH3→CH4

(g) 路径1-7

图 5-6

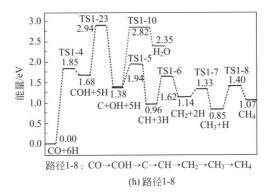

(h) 路径1-8

图 5-6　Ni₄-ZrO₂(111) 表面上 CO 甲烷化过程中

CH₄、H₂O 和 CH₃OH 形成的反应路径和势能图

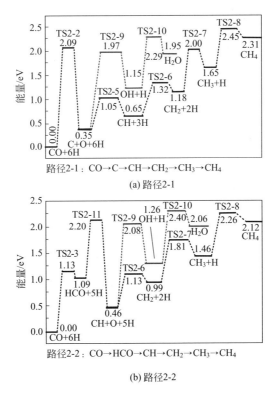

(a) 路径2-1

(b) 路径2-2

图 5-7

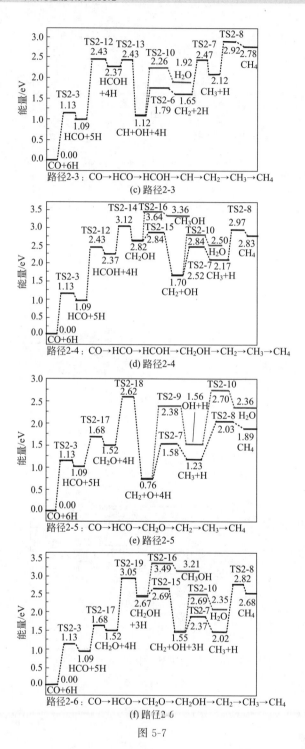

(c) 路径2-3

(d) 路径2-4

(e) 路径2-5

(f) 路径2-6

图 5-7

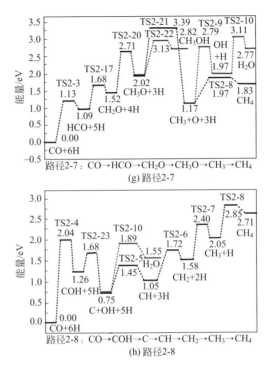

图 5-7   Ni₁₃-ZrO₂(111) 表面上 CO 甲烷化过程中

CH₄、H₂O 和 CH₃OH 形成的反应路径和势能图

由图 5-6 和图 5-7 可知，Ni₄-ZrO₂(111) 表面上 CH₄ 形成路径 1-1～路径 1-8 所对应的总能垒分别为 2.70eV、2.46eV、2.85eV、2.43eV、2.38eV、3.11eV、2.61eV 和 2.94eV，Ni₁₃-ZrO₂(111) 表面上 CH₄ 形成路径 2-1～路径 2-8 所对应的总能垒分别为 2.45eV、2.26eV、2.92eV、3.12eV、2.62eV、3.05eV、3.39eV 和 2.85eV。基于总能垒，在 Ni₄-ZrO₂(111) 和 Ni₁₃-ZrO₂(111) 表面上，CH₄ 形成的最优路径分别为路径 1-5 CO→HCO→CH₂O→CH₂→CH₃→CH₄ 和路径 2-2 CO→HCO→CH→CH₂→CH₃→CH₄，对应的总能垒分别为 2.38eV 和 2.26eV，相应的反应热分别为 1.54eV 和 2.12eV。同时，副产物 CH₃OH 在 Ni₄-ZrO₂(111) 和 Ni₁₃-ZrO₂(111) 表面上形成的优先路径分别为路径 1-4 CO→HCO→HCOH→CH₂OH→CH₃OH 和路径 2-7 CO→HCO→CH₂O→CH₃O→CH₃OH，相应的总能垒分别为 2.53eV 和 3.13eV。

5.3.3 Ni 微粒尺寸对 CH$_4$ 生成活性和选择性的影响

由 5.3.2 部分可知，Ni$_4$-ZrO$_2$(111) 表面上 CH$_4$ 形成最优路径 CO→ HCO → CH$_2$O → CH$_2$ → CH$_3$ → CH$_4$ 的总能垒 2.38eV 与 Ni$_{13}$-ZrO$_2$(111) 表面上 CH$_4$ 形成最优路径 CO→HCO→CH→CH$_2$→CH$_3$→CH$_4$ 的总能垒 2.26eV 相近，Ni 微粒尺寸对 CH$_4$ 生成活性的影响不明显。同时，Ni$_4$-ZrO$_2$(111) 和 Ni$_{13}$-ZrO$_2$(111) 表面上，副产物 CH$_3$OH 形成的总能垒都高于 CH$_4$ 形成最优路径总能垒，两个面上 CH$_4$ 形成都优先于 CH$_3$OH 的形成。由此可知，尽管 Ni 微粒尺寸对 CH$_4$ 生成活性的影响不明显，但负载于 ZrO$_2$(111) 面的 Ni$_4$ 和 Ni$_{13}$ 簇都能高选择性地生成 CH$_4$。

5.3.4 Zr 存在形式对 CH$_4$ 生成活性和选择性的影响

Zr 在 ZrNi(211)、Ni$_4$-ZrO$_2$(111) 和 Ni$_{13}$-ZrO$_2$(111) 表面上的存在形式分别是助剂 Zr、界面 Zr 和晶格 Zr。图 5-8 给出了含氧物种 CH$_2$O 分别在 ZrNi(211)-Al$_2$O$_3$(110)、Ni$_4$-ZrO$_2$(111) 和 Ni$_{13}$-ZrO$_2$(111) 表面上的投影分波态密度（pDOS）。由图 5-8 可知，助剂 Zr 的 d 电子主要分布于费米能级之上，处于高能态，具有较强的反应性，且 Zr$_{4d}$ 与 Ni$_{3d}$ 轨道重叠较多，Zr 向 Ni 转移电荷较多；由第 4 章结果可知，掺杂于阶梯 Ni(211) 面的助剂 Zr 与含氧吸附物种的 O 原子形成强的 Zr—O 键，Zr 对 O 的强相互作用弱化了 C—O 键，降低 C—O 断键能垒的同时增加了 C—O 键断裂概率，导致降低 CH$_4$ 生成能垒的同时减少了生成 CH$_3$OH 的概率，由此提高了 CH$_4$ 生成的活性和选择性。

然而，与助剂 Zr 不同的是，存在于载体界面和晶格中的 Zr，其 d 电子主要分布于费米能级之下，反应性较弱，不具有协同 Ni 促进 CH$_4$ 生成的能力。在 ZrO$_2$(111) 负载的 Ni$_4$ 与 Ni$_{13}$ 簇上，CO 甲烷化反应涉及的所有吸附物种中，仅 O、OH、CH$_2$O 和 CH$_3$O 与 Ni$_4$-ZrO$_2$(111) 界面处的 Zr 原子成键，且 Ni$_{13}$ 簇与 ZrO$_2$ 载体间无界面作用。

究其原因，存在于 ZrO$_2$ 与 Ni$_4$ 簇界面处的 Zr 原子具有多个与之配位的晶格 O，Zr 原子的外层电子与晶格 O 原子处于较稳定的成键

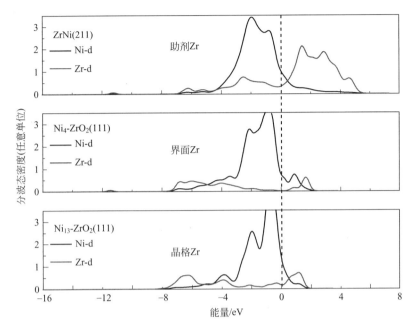

图 5-8　CH$_2$O 在 ZrNi(211)-Al$_2$O$_3$(110)、Ni$_4$-ZrO$_2$(111) 和

Ni$_{13}$-ZrO$_2$(111) 表面的投影分波态密度

状态，与吸附物种的 O 原子没有明显的成键；在 Ni 催化的 C—O 断键、C—H 和 O—H 成键等还原过程中，Zr 未能向缺电子的 Ni 提供反应所需的电子，不具有协同作用，这是载体 ZrO$_2$(111) 界面处 Zr 原子不能提高 Ni$_4$ 簇上甲烷化反应活性和选择性的根本原因；也是助剂 Zr 以载体形式存在不具有协同作用的微观解释。

5.3.5　不同形貌的 Ni 催化剂对 CH$_4$ 生成活性和选择性的影响

基于 CH$_4$ 与 CH$_3$OH 形成最优路径的总能垒，图 5-9 比较了平台面 Ni(111)、阶梯面 Ni(211)、负载于 ZrO$_2$(111) 表面的 Ni$_4$ 和 Ni$_{13}$ 微粒上 CO 甲烷化的活性和选择性。

由图 5-9 可知，Ni(111)、Ni(211)、Ni$_4$-ZrO$_2$(111) 和 Ni$_{13}$-ZrO$_2$(111) 面上 CH$_4$ 生成的总能垒相近，表明单一活性金属 Ni 催化剂的不同形貌对 CH$_4$ 生成的总能垒影响很小，不能改变 CO 甲烷化反应的活性。相比副产物 CH$_3$OH 形成的总能垒，Ni(111) 表面上 CH$_3$OH 与 CH$_4$ 的形成是竞争的，而 Ni(211)、Ni$_4$-ZrO$_2$(111) 和

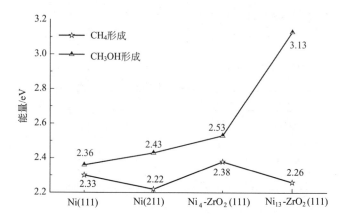

图 5-9　不同形貌表面的 Ni_4 和 Ni_{13} 微粒上 CO
甲烷化的活性和选择性

Ni_{13}-ZrO_2(111) 面上 CH_4 形成优先于 CH_3OH 的形成，表明 Ni 催化剂的不同形貌对 CH_4 和 CH_3OH 生成的相对总能垒有明显的影响，通过比较，得出 CH_4 生成的选择性顺序为 Ni(111) ＜Ni(211) ＜ Ni_4-ZrO_2(111)＜Ni_{13}-ZrO_2(111)。

由此可知，富有边、角、棱及褶皱的 Ni 催化剂对 CH_4 选择性有明显的提高；因此，CO 甲烷化是结构敏感反应。Filot 对 CO 解离的研究中发现，Rh_{13} 和 Rh_{57} 的边角以及 Rh（211）的阶梯处存在着对 CO 解离活化最高的 B_5 位，Rh（211）阶梯位是活化能最低的活性位；CO 解离活化能的下降，是 Rh 活性位拓扑结构的影响，并非电子影响[10]。Ni 微粒的边、角、棱具有较高的催化活性[11~15]。Fajin 等认为，阶梯低配位 Ni 原子比平台面 Ni 原子对 H 助 CO 解离具有更高的活性，在 Ru 或 Rh 掺杂的纯 Ni 阶梯面上，CH_4 形成优先于 CH_3OH 形成[16]。

5.3.6　助剂 La 和 Zr 对 CH_4 生成活性和选择性的影响

尽管不同形貌的 Ni 催化剂能改变 CH_4 形成的路径，从而影响其选择性；特别地，富有边、角、棱及褶皱的 Ni_4 微粒能高选择性的生成 CH_4；但单一活性金属 Ni 催化剂不能改变 CO 甲烷化反应的活性。因此，通过掺杂助剂的方式改性 Ni 催化剂，有效地降低 CH_4 生成的总能垒成为提高 Ni 微粒催化性能而亟待解决的问题。

  由第 4 章结果知，助剂 La 和 Zr 通过向表面 Ni 提供电子而增加 Ni 原子的 d 带电子密度，增强 Ni 的还原性，活化 C—O 键，降低 CH_4 形成的总能垒，促进 CH_4 的生成。图 5-10 给出了 Ni(111) 和 LaNi(111) 以及 Ni(211) 和 ZrNi(211) 表面上 CH_4 和 CH_3OH 生成的总能垒。

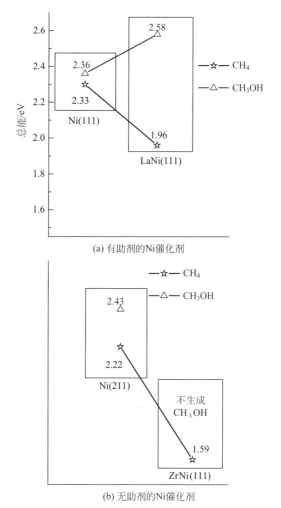

(a) 有助剂的Ni催化剂

(b) 无助剂的Ni催化剂

图 5-10 Ni(111)、LaNi(111)、Ni(211) 和 ZrNi(211)
表面上 CH_4 和 CH_3OH 形成最优路径的总能垒

  由图 5-10 可知，La 和 Zr 协同 Ni 降低了 Ni(111) 和 Ni(211) 面上 CH_4 生成的总能垒，同时增加了 CH_3OH 生成的总能垒。La 和 Zr 的掺杂提高了 Ni 催化剂的 CO 甲烷化活性和选择性，且助剂 Zr 比

La 具有更明显的协同作用。这样，助剂 Zr 掺杂的 Ni_4 簇可能是 CH_4 形成高活性高选择性的改性 Ni 催化剂。

5.4　助剂 Zr 协同 Ni_4 簇催化 CH_4 生成

由于 Zr 以载体形式构建的 Ni_4-ZrO_2(111) 表面不能降低 CH_4 生成的总能垒，载体 ZrO_2 与 Ni_4 簇的界面作用也不能有效提高 CO 甲烷化反应的活性。因此，以 Zr/Ni 合金的形式构建 $ZrNi_3$ 簇作为助剂 Zr 改性的 Ni 催化剂的活性组分，并从微观水平研究 $ZrNi_3$ 簇的甲烷化机理。Ni-ZrO_2/Al_2O_3 催化 CO 甲烷化过程中[17]，Zr 的掺杂提高了 Ni 在 γ-Al_2O_3 载体上的分散度，抑制 $NiAl_2O_4$ 的形成，弱化 NiO 与 Al_2O_3 间相互作用，减小 Ni 微粒尺寸，促进了 H 助 CO 解离，提高 CO 转化率和 CH_4 选择性。

总之，较高的 Ni 分散度和适中的金属载体间相互作用是甲烷化活性提高的关键[18]。掺杂于 Ni/Al_2O_3 的 Zr，以固溶体形成 Zr/Ni 合金，能促进含氧物种的解离，并使得含 C 物种容易转化而限制 C 的形成，从而提高催化剂稳定性，增加 Ni-ZrO_2/Al_2O_3 的抗积炭和抗烧结特性；同时，Ni-Zr-Al 具有均匀的金属分散度，导致金属载体间相互作用增加，Ni 微粒不易聚集烧结，而具有较高的催化活性[19]。

5.4.1　$ZrNi_3$-Al_2O_3(110) 表面模型的构建

（1）羟基化的 Al_2O_3(110) 表面

Al_2O_3(110) 表面模型为 6 层 p(1×1) 超胞，含 12 个 Al_2O_3 分子结构单元，底部 2 层原子固定，上部 4 层原子以及吸附物种弛豫；真空层厚度设为 15Å，布里渊区的 K 点为 2×2×1。由于 CO 甲烷化反应过程中有 H_2O 生成，H_2O 在载体 γ-Al_2O_3 表面极易解离[20]，形成羟基化的 Al_2O_3(110) 表面，图 5-11 给出了 H_2O 在载体 Al_2O_3(110) 表面上的解离过程及能垒。

图 5-11 中在载体 Al_2O_3(110) 面上，H_2O 解离所需的活化能仅为 0.05eV，反应放热高达 1.01eV，是低能垒强放热反应。解离形成的 OH 与表面 Al 原子结合，H 与表面 O 原子结合，由此形成羟基化

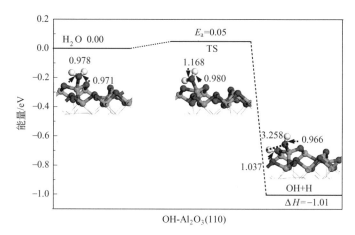

图 5-11 Al$_2$O$_3$(110) 表面上 H$_2$O 的吸附和解离过程及能垒

的 Al$_2$O$_3$(110) 面。因此,CO 甲烷化条件下,载体 Al$_2$O$_3$(110) 面极易被羟基化。

(2) 构建 Zr 掺杂的 ZrNi$_3$-Al$_2$O$_3$(110) 表面

负载于 Al$_2$O$_3$(110) 上的 Ni$_4$ 簇模型如书后彩图 25 所示,即 Ni$_4$-Al$_2$O$_3$(110)。利用金属簇与载体间相互作用 E_{int} 的公式(2-21),计算得,Ni$_4$-Al$_2$O$_3$(110) 中 Ni$_4$ 簇与载体 Al$_2$O$_3$(110) 表面的相互作用能是 $-1.95eV$。以助剂 Zr 原子替换 Ni$_4$ 簇中不同的 Ni 原子,替换能 E_f 如式(2-18) 所列,负的 E_f 表示 ZrNi$_3$ 形成是放热过程,正的 E_f 表示该过程吸热。表5-5 给出了 Zr 替换 Ni$_4$-Al$_2$O$_3$(110) 面中不同的 Ni 原子的替换能。

表 5-5 Zr 替换 Ni$_4$-Al$_2$O$_3$(110) 面中不同的 Ni 原子的替换能 E_f

Zr 替换不同 Ni 原子	E_f/eV
1-Ni	-2.51
2-Ni	-4.87
3-Ni	-3.38
4-Ni	-3.89

在表 5-5 中,尽管 Zr 替换 2-Ni 的 E_f 最低,但优化后的结构有形变;因此,采用 Zr 替换 4-Ni 的结构,记作 ZrNi$_3$-Al$_2$O$_3$(110),作为 Al$_2$O$_3$(110) 面负载的 ZrNi$_3$ 簇模型。且 ZrNi$_3$ 与 Al$_2$O$_3$(110) 表面的作用大于 Ni$_4$ 与 Al$_2$O$_3$(110) 表面的作用,表明 Zr 的掺杂,增强有序介孔 Al$_2$O$_3$ 载体对 ZrNi$_3$ 微粒有锚固作用,即"限域效应"。

（3）ZrNi$_3$-Al$_2$O$_3$（110）表面吸附位

以羟基化的 Al$_2$O$_3$（110）面为载体，助剂 Zr 掺杂的 ZrNi$_3$ 簇为活性组分，研究 CH$_4$ 生成的微观机理，以期阐明第二金属活性组分的引入和表面结构对 CO 甲烷化活性和选择性的影响，为优化 Ni 催化剂提供理论依据。书后彩图 26 给出了负载于 Al$_2$O$_3$（110）上的 Zr-Ni$_3$ 簇模型，记作 ZrNi$_3$-Al$_2$O$_3$（110）。ZrNi$_3$-Al$_2$O$_3$（110）表面存在 Ni-top、Ni-bridge、Ni-fold 和 NiZr-bridge 吸附位。

（4）助剂 Zr 对 ZrNi$_3$-Al$_2$O$_3$（110）表面特性的影响

由图 5-12 可知，Ni$_4$-ZrO$_2$（111）和 ZrNi$_3$-Al$_2$O$_3$（110）表面 d 带中心的投影分波态密度的平均能分别为 -1.41eV 和 -1.14eV，ZrNi$_3$-Al$_2$O$_3$（110）表面的 d 带中心更靠近费米能级；由此可知，相比 Zr 以载体形式存在的 Ni$_4$-ZrO$_2$（111）表面，Zr 以助剂形式存在的 ZrNi$_3$-Al$_2$O$_3$（110）表面具有较强的反应性。

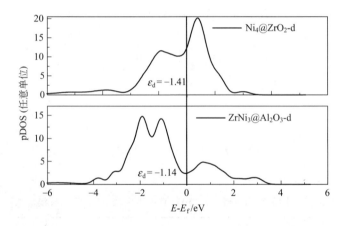

图 5-12　Ni$_4$-ZrO$_2$（111）和 ZrNi$_3$-Al$_2$O$_3$（110）表面 d 带中心的投影分波态密度

5.4.2　H$_2$ 解离吸附

H$_2$ 分子在 ZrNi$_3$-Al$_2$O$_3$（110）表面吸附于 Ni-top 位，吸附能为 -0.31eV；图 5-13 给出了 H$_2$ 在 ZrNi$_3$-Al$_2$O$_3$（110）表面解离吸附的能量结构。吸附于 ZrNi$_3$-Al$_2$O$_3$（110）表面 Ni-top 位的 H$_2$ 分子，经 TS3-1 解离为吸附于两个相邻 Ni-bridge 位的 H 原子，过程仅需克服 0.07eV 的活化能垒，且反应放热 1.03eV。与 Ni$_4$-ZrO$_2$（111）相比，H$_2$ 解离在 ZrNi$_3$-Al$_2$O$_3$（110）表面上更易进行。因此，H$_2$ 分子

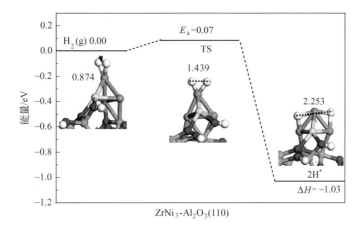

图 5-13　ZrNi₃-Al₂O₃(110) 表面 H₂ 解离吸附的能量结构

主要以解离吸附形式存在。

5.4.3　各物种的吸附

考察 CO 甲烷化相关物种在 ZrNi₃-Al₂O₃(110) 表面上不同位置的吸附,表 5-6 列出了各稳定吸附构型对应的吸附位和吸附能;书后彩图 27 给出了 ZrNi₃-Al₂O₃(110) 表面上 CO 甲烷化各物种的稳定吸附构型。

表 5-6　ZrNi₃-Al₂O₃(110) 面上 CO 甲烷化相关物种各稳定
吸附构型对应的吸附位和吸附能

物种	吸附位	E_{ads}/eV	物种	吸附位	E_{ads}/eV
H₂	Ni-top	−0.31	CH₃	Ni-bridge	−2.61
C	Ni-fold	−7.85	CH₄	Ni-top	−0.21
H	Ni-fold	−2.79	HCO	Ni-bridge	−3.91
O	Ni-Zr-bridge	−7.62	COH	Ni-fold	−4.60
CO	Ni-fold	−2.09	CH₂O	Ni-Zr-bridge	−3.20
OH	Ni-Zr-bridge	−5.44	CH₃O	Ni-Zr-bridge	−4.64
H₂O	Ni-top	−0.94	HCOH	Ni-bridge	−4.51
CH	Ni-fold	−7.25	CH₂OH	Ni-bridge	−3.25
CH₂	Ni-fold	−4.66	CH₃OH	Ni-top	−1.04

由图 5-14 可知,CO、COH、C、CH、CH₂、CH₃ 和 CH₄ 物种经 C—Ni 键吸附于 ZrNi₃-Al₂O₃(110) 表面,O、OH、H₂O、

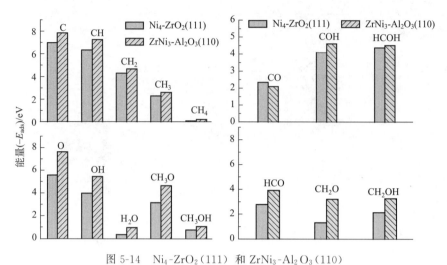

图 5-14　Ni_4-ZrO_2(111) 和 $ZrNi_3$-Al_2O_3(110)

表面上 CO 甲烷化各表面物种的吸附能

HCO、CH_2O、CH_3O、$HCOH$、CH_2OH 和 CH_3OH 物种是经 C—Ni 和（或）O—Zr 键吸附于 $ZrNi_3$-Al_2O_3(110) 表面。

相比其在 Ni_4-ZrO_2(111) 面上的吸附，Zr 的掺杂使经 C—Ni 键吸附的物种在 $ZrNi_3$-Al_2O_3(110) 表面上的吸附能稍有增加，经 C—Ni 和（或）O—Zr 键吸附的物种在 $ZrNi_3$-Al_2O_3(110) 表面上的吸附能大幅增加。

究其原因，助剂 Zr 增强了 C—Ni 键，特别是含氧物种的 O 原子与活性组分中助剂 Zr 所形成的 O—Zr 键远强于其与载体 Zr 所形成的 O—Zr 键，即 $ZrNi_3$-Al_2O_3(110) 表面的亲氧性强于 Ni_4-ZrO_2(111) 表面。相比 Zr 以载体形式所产生的金属载体界面作用，Zr 以助剂形式掺于金属 Ni 活性组分中对 Ni 的贡献更强，协同作用更明显。

5.4.4　CO 活化

CO 经最初的解离和加氢反应生成 C+O、HCO 和 COH。书后彩图 28 给出了 $ZrNi_3$-Al_2O_3(110) 表面上 CO 活化反应的势能图以及反应的起始态、过渡态和末态结构。

由书后彩图 28 可知，CO 解离在 $ZrNi_3$-Al_2O_3(110) 表面上所需活化能仅为 0.65eV；相比 Ni_4-ZrO_2(111) 表面上 C—O 键直接断裂所需的活化能 2.70eV，负载于 Al_2O_3(110) 面的 $ZrNi_3$ 簇能降低 CO 解离能垒，促进 C—O 键断裂，表明助剂 Zr 的掺杂弱化了 C—O 键。

对于 HCO 和 COH 生成，ZrNi₃-Al₂O₃(110) 和 Ni₄-ZrO₂(111) 表面上氢化能垒相近。

5.4.5　ZrNi₃-Al₂O₃(110) 表面上 CH₄ 生成

书后彩图 29 给出了 ZrNi₃-Al₂O₃(110) 表面上 CO 甲烷化所涉及相关反应的起始态、过渡态和末态结构。表 5-7 列出了这些反应所涉及的能量。

表 5-7　ZrNi₃-Al₂O₃(110) 表面上 CO 甲烷化涉及的相关反应能量

相关反应	反应	活化能 E_a /eV	反应热 ΔE /eV	过渡态唯一虚频(v) /cm⁻¹	相关反应	反应	活化能 E_a /eV	反应热 ΔE /eV	过渡态唯一虚频(v) /cm⁻¹
$H_2 \rightarrow H+H$	R3-1	0.07	-1.03	619i	$HCOH \rightarrow CH+OH$	R3-13	0.17	-2.14	274i
$CO \rightarrow C+O$	R3-2	0.65	-1.25	56i	$HCOH+H \rightarrow CH_2OH$	R3-14	0.63	-0.61	304i
$CO+H \rightarrow HCO$	R3-3	1.23	0.39	707i	$CH_2OH \rightarrow CH_2+OH$	R3-15	0.28	-1.01	38i
$CO+H \rightarrow COH$	R3-4	1.95	1.80	44i	$CH_2OH+H \rightarrow CH_3OH$	R3-16	1.82	1.12	856i
$C+H \rightarrow CH$	R3-5	0.88	-0.21	879i	$HCO+H \rightarrow CH_2O$	R3-17	0.59	-0.10	344i
$CH+H \rightarrow CH_2$	R3-6	0.88	0.43	420i	$CH_2O \rightarrow CH_2+O$	R3-18	1.31	-0.50	397i
$CH_2+H \rightarrow CH_3$	R3-7	1.43	-0.24	755i	$CH_2O+H \rightarrow CH_2OH$	R3-19	2.57	1.47	1284i
$CH_3+H \rightarrow CH_4$	R3-8	1.12	0.61	617i	$CH_2O+H \rightarrow CH_3O$	R3-20	1.02	0.36	644i
$O+H \rightarrow OH$	R3-9	0.76	0.10	453i	$CH_3O \rightarrow CH_3+O$	R3-21	1.83	-0.77	70i
$OH+H \rightarrow H_2O$	R3-10	1.92	1.75	287i	$CH_3O+H \rightarrow CH_3OH$	R3-22	2.10	1.87	196i
$HCO \rightarrow CH+O$	R3-11	0.52	-1.15	25i	$COH \rightarrow C+OH$	R3-23	1.18	-1.71	236i
$HCO+H \rightarrow HCOH$	R3-12	3.05	1.73	1722i					

基于 CH₄、H₂O 和 CH₃OH 形成的所有基元反应，图 5-15 给出了起始于 CO、HCO 和 COH 物种，ZrNi₃-Al₂O₃(110) 表面上 CO 甲烷化过程中 CH₄、H₂O 和 CH₃OH 形成的反应路径和势能图。由图 5-15 可知，ZrNi₃-Al₂O₃(110) 表面上的 8 条反应路径为路径 3-1～路径 3-8，相应的总能垒分别为 0.65eV、1.23eV、3.44eV、3.44eV、1.60eV、2.86eV、2.48eV 和 2.98eV；基于总能垒，路径 3-1 CO→C→CH→CH₂→CH₃→CH₄ 为 CH₄ 形成的最优路径；其总能垒仅 0.65eV，相应的反应热为 -0.66eV。相比 Ni₄-ZrO₂(111) 表面上 CH₄ 形成最优路径 1-5 CO→HCO→CH₂O→CH₂→CH₃→CH₄ 的总

能垒 2.38eV，ZrNi$_3$-Al$_2$O$_3$（110）表面能显著降低 CH$_4$ 生成的总能
垒；表明助剂 Zr 的掺杂明显增强了负载于 Al$_2$O$_3$（110）面上 ZrNi$_3$
簇的 CO 甲烷化活性。

同时，在图 5-15 中，CH$_3$OH 生成的路径为路径 3-4、路径 3-6 和
路径 3-7，相应的总能垒分别为 3.44eV、3.58eV 和 2.75eV。相比 CH$_4$
形成最优路径 3-1 的总能垒 0.65eV，副产物 CH$_3$OH 的形成是明显不
利的；表明 ZrNi$_3$-Al$_2$O$_3$（110）表面能显著提高 CH$_4$ 生成的选择性。

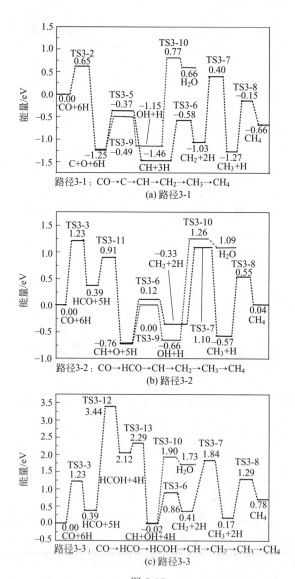

图 5-15

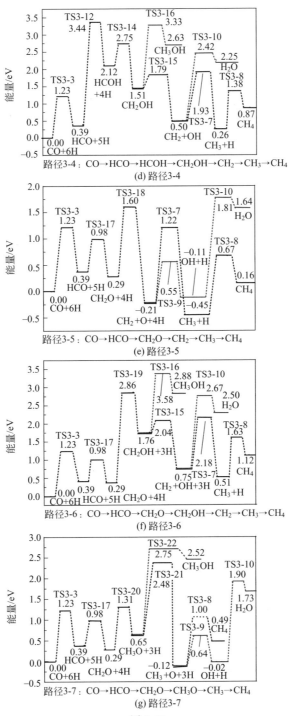

图 5-15

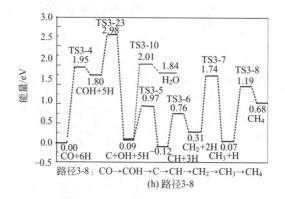

图 5-15　ZrNi$_3$-Al$_2$O$_3$（110）表面上 CO 甲烷化过程中 CH$_4$、
H$_2$O 和 CH$_3$OH 形成的反应路径和势能图

5.4.6　助剂 Zr 对 ZrNi$_3$-Al$_2$O$_3$（110）表面 CH$_4$ 形成活性和选择性的影响

由 5.4.5 部分结果可知，助剂 Zr 能显著提高负载于 Al$_2$O$_3$（110）面 ZrNi$_3$ 簇的 CO 甲烷化活性和选择性，而由 5.3.2 部分结果可知，Ni$_4$-ZrO$_2$（111）面上以载体形式存在于界面的 Zr 原子，仅能稳定 CH$_2$O 物种而改变反应路径，从而改变 CH$_4$ 生成的选择性，对 CH$_4$ 生成活性几乎无影响。图 5-16 分别给出了 ZrNi$_3$-Al$_2$O$_3$（110）表面的助剂 Zr 与 Ni$_4$-ZrO$_2$（111）的界面 Zr 以及两个面上 Ni 的投影分波态密度（pDOS）。

在图 5-16 中，负载于 Al$_2$O$_3$（110）表面上的 ZrNi$_3$，Zr 为助剂；Zr$_{4d}$ 与 Ni$_{3d}$ 轨道间杂化程度较大，Zr 与 Ni 有较多的电荷转移量；在相关 CO 甲烷化的 C—O 断键、C—H 和 O—H 成键等还原过程中，Zr 向缺电子的 Ni 提供电子，具有协同催化作用。而存在于载体 ZrO$_2$（111）与金属 Ni$_4$ 簇界面处的 Zr 原子，Zr$_{4d}$ 与 Ni$_{3d}$ 轨道间重叠较少，表明 Zr 对反应贡献很少。因此，Zr 仅以合金形式掺杂于金属 Ni 中，才能作为 CO 甲烷化催化剂的助剂，协同 Ni 催化 CH$_4$ 生成反应。

5.4.7　助剂 Zr 的存在形式和作用方式

在 Ni$_4$-ZrO$_2$（111）、Ni$_{13}$-ZrO$_2$（111）和 ZrNi$_3$-Al$_2$O$_3$（110）表面上

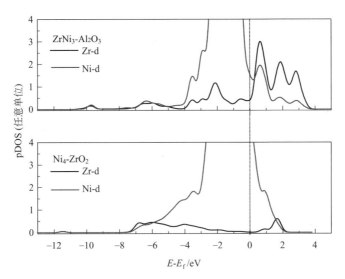

图 5-16　ZrNi₃-Al₂O₃(110) 表面的助剂 Zr 与 Ni₄-ZrO₂(111) 的界面 Zr

以及两个面上 Ni 的投影分波态密度

Zr 的 3 种存在形式和作用方式，如图 5-17 所示，分别具有支撑作用、界面作用和协同作用。

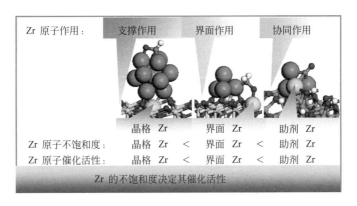

图 5-17　Ni₄-ZrO₂(111)、Ni₁₃-ZrO₂(111) 和 ZrNi₃-Al₂O₃(110)

表面上 Zr 的 3 种存在形式和作用方式

Zr 原子的外层电子与晶格 O 原子处于较稳定的成键状态，在 Ni 催化的 C—O 断键、C—H 和 O—H 成键等还原过程中，Zr 未向缺电子的 Ni 提供电子；存在于载体 ZrO₂(111) 的晶格 Zr，既不改变反应路径，也不促进反应。这是载体 ZrO₂(111) 中晶格 Zr 原子不能提高 Ni₁₃簇上 CO 甲烷化活性的根本原因，也是助剂 Zr 以载体形式存在无"界面作用"和"协同作用"的微观解释。

Zr 原子与 O、OH、CH_2O 和 CH_3O 的 O 原子成键，Zr 与含 O 物种适中的界面作用，稳定了 CH_2O；结果是，既改变了反应路径，又提高了 CH_4 选择性，但不能降低 CH_4 形成的总能垒；这是金属 Ni 与载体 ZrO_2(111) 界面处 Zr 原子具有"界面作用"的微观解释。Zr 原子外层 d 电子离域，助剂 Zr 向 Ni 转移电子，掺杂的 Zr 原子通过向邻近的 Ni 提供电子而丰富表面 Ni 原子的 d 带电子密度，增强 Ni 的还原性，活化 C—O 键，提高 CO 甲烷化的活性和 CH_4 选择性，促进 CH_4 生成。

图 5-18 给出了 Ni_4-ZrO_2(111)、Ni_{13}-ZrO_2(111) 和 $ZrNi_3$-Al_2O_3(110) 表面 d 带中心的投影分波态密度。三个面的 d 带中心平均能 "$-1.43eV < -1.41eV < -1.14eV$" 与 3 种 Zr 的反应性 "晶格 Zr<界面 Zr<助剂 Zr" 一致，即三种 Zr 对反应的贡献 "Ni_{13}-ZrO_2(111) 载体中晶格 Zr<Ni_4-ZrO_2(111) 的界面 Zr<$ZrNi_3$-ZrO_2(111) 的助剂 Zr"。

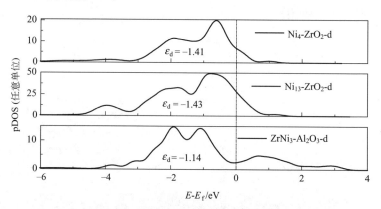

图 5-18　Ni_4-ZrO_2(111)、Ni_{13}-ZrO_2(111) 和 $ZrNi_3$-Al_2O_3(110)
表面 d 带中心的投影分波态密度

5.5　Zr 存在形式对 CO 甲烷化影响

实验表明，CO 甲烷化发生在分散于载体的活性金属 Ni 纳米微粒表面上，微粒的尺寸、形貌和组成对 Ni 催化剂的反应性和稳定性至关重要；因此，研究 Ni 微粒尺寸、载体 ZrO_2 以及助剂 Zr 对 CH_4 生成活性和选择性的影响，以期阐明 Zr 作为助剂在 Ni 催化剂中的具体存在形式，为制备性能优良、结构稳定的 Ni 催化剂提供理论指导。得到以下结论：

① 在 ZrO_2(111) 负载的 Ni_4 和 Ni_{13} 簇上，除了 O、OH、CH_2O 和 CH_3O 物种经 C—Ni 和 O—Zr 键吸附于 Ni_4 簇与 ZrO_2(111) 面的界面处，其余物种都通过 C 和（或）O 原子只与 Ni 相连；且随着 Ni 微粒尺寸的增大，吸附能有明显增加。相比 Ni_4-ZrO_2(111) 面上各物种的吸附，Zr 的掺杂使经 C—Ni 键吸附的物种在 Zr-Ni_3-Al_2O_3(110) 表面上的吸附能稍有增加，经 C—Ni 和（或）O—Zr 键吸附的物种在 $ZrNi_3$-Al_2O_3(110) 表面上的吸附能大幅增加。究其原因，助剂 Zr 增强了 C—Ni 键，特别是含氧物种的 O 原子与活性组分中助剂 Zr 所形成的 O—Zr 键远强于其与载体 Zr 所形成的 O—Zr 键，表明 $ZrNi_3$-Al_2O_3(110) 表面上助剂 Zr 的亲氧性强于 Ni_4-ZrO_2(111) 表面上界面 Zr 的亲氧性。相比 Zr 以载体形式所产生的金属载体界面作用，Zr 以助剂形式掺杂于金属 Ni 活性组分中对 Ni 的贡献更强，协同作用更明显。

② 由 Ni_4-ZrO_2(111)、Ni_{13}-ZrO_2(111) 和 $ZrNi_3$-Al_2O_3(110) 表面上 CH_4 形成的最优路径势能图可知，Ni_4-ZrO_2(111) 表面上 CH_4 形成最优路径 1-5 的总能垒 2.38eV 与 Ni_{13}-ZrO_2(111) 表面上 CH_4 形成最优路径 2-2 的总能垒 2.26eV 相近，Ni 微粒尺寸的改变对 CH_4 生成活性的影响不明显。同时，Ni_4-ZrO_2(111) 和 Ni_{13}-ZrO_2(111) 表面上副产物 CH_3OH 形成优先路径 1-4 和路径 2-7 的总能垒 2.53eV 和 3.13eV 都高于 CH_4 形成最优路径总能垒，两个面上 CH_4 形成都优先于 CH_3OH 的形成。因此，尽管 Ni 微粒尺寸对 CH_4 生成活性的影响不明显，但负载于 ZrO_2(111) 面的 Ni_4 和 Ni_{13} 簇都能高选择性的生成 CH_4。

$ZrNi_3$-Al_2O_3(110) 表面上，CH_4 形成最优路径 3-1 的总能垒仅为 0.65eV，且反应放热 0.66eV；而 CH_3OH 形成优先路径 3-7 的总能垒高达 2.75eV，且吸热 2.52eV。相比 ZrO_2(111) 面负载的 Ni_4 簇和 Ni_{13} 簇，助剂 Zr 掺杂的 $ZrNi_3$-Al_2O_3(110) 表面能显著地提高 CH_4 生成的活性和选择性。$ZrNi_3$-Al_2O_3(110) 上，CO 以低于其脱

附能的活化能解离。在 Ni(111)、Ni(211)、Ni_4-ZrO_2(111) 和 Ni_{13}-ZrO_2(111) 上，CO 解离活化能的下降，是 Ni 活性位拓扑结构的影响，并非电子影响；而 CH_4 选择性的增加，是 CO 甲烷化反应对 Ni 活性位结构敏感所致。

③ 对于 CO 甲烷化涉及的所有吸附物种，在 ZrO_2 负载的 Ni_4 与 Ni_{13} 簇上，仅 Ni_4 簇与载体 ZrO_2(111) 界面处的 Zr 原子与 O、OH、CH_2O 和 CH_3O 的 O 原子成键，且 Ni_{13} 簇与 ZrO_2 载体间无界面作用。究其原因，存在于 ZrO_2 与 Ni_4 簇界面处的 Zr 原子具有多个与之配位的晶格 O，Zr 原子的外层电子与晶格 O 原子处于较稳定的成键状态。在 Ni 催化的 C—O 断键、C—H 和 O—H 成键等还原过程中，Zr 没有向缺电子的 Ni 提供电子，不具有协同作用；这是载体 ZrO_2(111) 界面处 Zr 原子不能提高 Ni_4 簇上甲烷化反应活性和选择性的根本原因，也是助剂 Zr 以载体形式存在不具有协同作用的微观解释。

以载体形式存在于 Ni_4 与 ZrO_2(111) 界面处的 Zr 原子既改变了反应路径，又提高了 CH_4 选择性，但对 CO 甲烷化活性影响很小。而负载于 Al_2O_3(110) 面的 $ZrNi_3$ 能显著提高 CH_4 生成的活性和选择性。助剂 Zr 仅以合金形式掺杂于金属 Ni 中，才能作为 CO 甲烷化催化剂的助剂；Zr 向 Ni 提供还原反应所需的电子，促进 C—O 键的活化断裂，协同 Ni 催化 CH_4 生成反应。

④ Ni_4-Al_2O_3(110) 表面中 Ni_4 簇与载体 Al_2O_3(110) 表面的相互作用是 -1.95eV，Zr 掺杂的 $ZrNi_3$-Al_2O_3(110) 表面中 $ZrNi_3$ 簇与载体 Al_2O_3(110) 表面的相互作用是 -3.89eV，载体 Al_2O_3 对 Ni_4 和 $ZrNi_3$ 簇间较强的相互作用在空间和位置上限制了 Ni_4 和 $ZrNi_3$ 簇；同时，Zr 的掺杂，增大了簇与载体表面的相互作用，表明助剂 Zr 增强载体 Al_2O_3 对 $ZrNi_3$ 簇的锚固作用，即助剂 Zr 和载体 Al_2O_3 对 Ni 微粒的——"限域效应"。

参考文献

[1] Munnik P，Velthoen M E Z，Jongh P E D，Jong K P D，Gommes C J. Nanoparticle growth in supported nickel catalysts during methanation reaction-larger is better [J]. Angew. Chem. Int. Ed.，2014，53 (36)：9493-9497.

[2] Stefanovich E V, Shluger A L, Catlow C R A. Theoretical study of the stabilization of cubic-phase ZrO$_2$ by impurities [J]. Phys. Rev. B, 1994, 49 (17): 11560-11571.

[3] Alfredsson M, Catlow C R A. A comparison between metal supported c-ZrO$_2$ and CeO$_2$ [J]. Phys. Chem. Chem. Phys., 2002, 4 (24): 6100-6108.

[4] Jung C, Ishimoto R, Tsuboi H, Koyama M, Endou A, Kubo M, Carpio C A D, Miyamoto A. Interfacial properties of ZrO$_2$ supported precious metal catalysts: a density functional study [J]. Appl. Catal. A: Gen., 2006, 305 (1): 102-109.

[5] Eremeev S V, Nemirovich-Danchenko L Y, Kul'kova S E. Effect of oxygen vacancies on adhesion at the Nb/Al$_2$O$_3$ and Ni/ZrO$_2$ interfaces [J]. Phys. Solid State, 2008, 50 (3): 543-552.

[6] Beltràn J I, Gallego S, Cerdà J, Moya J S, Muñoz M C. Bond formation at the Ni/ZrO$_2$ interface [J]. Phys. Rev. B, 2003, 68 (7): 075401-1-4.

[7] Boudjennad E, Chafi Z, Ouafek N, Ouhenia S, Keghouche N, Minot C. Experimental and theoretical study of the Ni-(m-ZrO$_2$) interaction [J]. Surf. Sci., 2012, 606 (15-16): 1208-1214.

[8] Alfredsson M, Catlow C R A. Modelling of Pd and Pt supported on the {111} and {011} surfaces of cubic-ZrO$_2$ [J]. Phys. Chem. Chem. Phys., 2001, 3 (3): 4129-4140.

[9] Grau-Crespo R, Hernández N C, Sanz J F, Leeuw N H D. Theoretical investigation of the deposition of Cu, Ag, and Au atoms on the ZrO$_2$(111) surface [J]. J. Phys. Chem. C, 2007, 111 (28): 10448-10454.

[10] Filot I A W, Shetty S G, Hensen E J. M, Santen R A V. Size and topological effects of rhodium surfaces, clusters and nanoparticles on the dissociation of CO [J]. J. Phys. Chem. C, 2011, 115 (29): 14204-14212.

[11] Narayanan R, El-Sayed M A. Shape-dependent catalytic activity of platinum nanoparticles in colloidal solution [J]. Nano Lett., 2004, 4 (7): 1343-1348.

[12] Campbell C T, Parker S C, Starr D E. The effect of size-dependent nanoparticle energetics on catalyst sintering [J]. Science, 2002, 298 (5594): 811-814.

[13] Tao F, Salmeron M. In situ studies of chemistry and structure of materials in reactive environments [J]. Science, 2011, 331 (6014): 171-174.

[14] Li Y, Liu Q Y, Shen W J. Morphology-dependent nanocatalysis: metal particles [J]. Dalton Trans., 2011, 40 (22): 5811-5826.

[15] Xia Y N, Xiong Y J, Lim B, Skrabalak S E. Shape-controlled synthesis of metal nanocrystals: simple chemistry meets complex physics? [J]. Angew. Chem. Int. Ed., 2009, 48 (1): 60-103.

[16] Fajin J L C, Gomes J R B, Cordeiro M. N D S. Mechanistic study of carbon monoxide methanation over pure and rhodium- or ruthenium-doped nickel catalysts [J]. J. Phys. Chem. C, 2015, 119 (29): 16537-16551.

[17] Guo C L, Wu Y Y, Qin H Y, Zhang J L. CO methanation over ZrO$_2$/Al$_2$O$_3$ supported Ni cat-

alysts: a comprehensive study [J]. Fuel Process. Technol., 2014, 124: 61-69.

[18] Zhang J F, Bai Y X, Zhang Q D, Wang X X, Zhang T, Tan Y S, Han Y Z. Low-temperature methanation of syngas in slurry phase over Zr-doped Ni/γ-Al$_2$O$_3$ catalysts prepared using different methods [J]. Fuel, 2014, 132: 211-218.

[19] Razzaq R, Zhu H W, Jiang L, Muhammad U, Li C S, Zhang S J. Catalytic methanation of CO and CO$_2$ in coke oven gas over Ni-Co/ZrO$_2$-CeO$_2$ [J]. Ind. Eng. Chem. Res., 2013, 52 (6): 2247-2256.

[20] Digne M, Sautet P, Raybaud P, Euzen P, Toulhoat H. Use of DFT to achieve a rational understanding of acid-basic properties of γ-alumina surfaces [J]. J. Catal., 2004, (226): 54-68.

MoS$_2$（100）和 S-Ni/MoS$_2$（100）表面 CO 甲烷化：Ni 掺杂和 S 吸附的影响

钼基催化剂以其优异的抗硫性和良好的甲烷化性能，一方面，构建完美的 MoS$_2$（100）表面，作为无 H$_2$S 存在时非负载型耐硫 Mo 基催化剂模型；另一方面，构建 S 吸附和 Ni 掺杂的 MoS$_2$（100）表面，作为微量 H$_2$S 存在于合成气时 Ni 改性的 Ni/Mo 合金催化剂模型。研究 CO 甲烷化过程中小分子在两个催化剂表面上不同位点的微观吸附特性，以及该反应过程所涉及的 C—H、C—O 和 O—H 成键及 C—O 断键基元反应，鉴别 CH$_4$ 生成的最佳路径。在电子水平上分析催化剂的组成和微观结构与催化性能的关系，明确催化剂活性位的微观结构和化学环境，以期建立能够较真实地表达耐硫 Mo 基催化剂微观结构的计算模型。

6.1 计算模型及参数

6.1.1 构建 MoS$_2$（100）表面模型

6.1.1.1 MoS$_2$（100）表面

构建 $4 \times 4 \times 1$ 的 MoS$_2$（100）模型，模型如图 6-1 所示。

MoS$_2$（100）表面包含 Mo-端和 S-端两个片层，因层与层间的范德华力较弱，两片层之间作用力可忽略。Lauritsen 等[1] 分别以单层

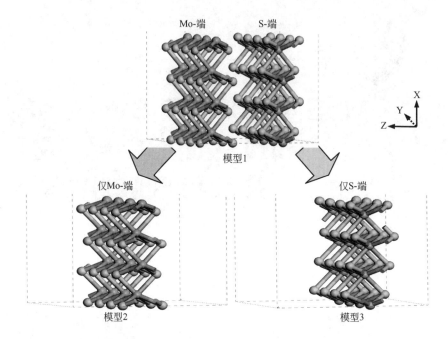

图 6-1　MoS_2(100) 表面模型 1、模型 2 和模型 3

Mo-端和单层 S-端为模型，研究 MoS_2(100) 表面的结构形貌。将 MoS_2(100) 表面的 2 个片层分开，模型 1 为含有 Mo-端和 S-端的 MoS_2(100) 表面，模型 2 为移去 S-端后仅 Mo-端表面，模型 3 为移去 Mo-端后仅 S-端表面。每个片层都是 p(4×4) 超胞，底部 2 层原子固定，上部 2 层原子弛豫，真空层厚度设为 15Å，布里渊区的 k 点为 2×2×1。

6.1.1.2　简化 MoS_2(100) 表面模型

为了将模型 1 简化为模型 2，在模型 1、模型 2 和模型 3 上以反应物 CO 的吸附和解离为评价指标，比较 CO 分子的吸附能、CO 解离的活化能以及 C—O 键长的变化，以此验证 MoS_2(100) 表面模型简化的合理性。

（1）CO 吸附

书后彩图 30 给出了 CO 分别吸附于 Mo-端/模型 1、S-端/模型 1、模型 2 和模型 3 的结构图，其相应的吸附能列于表 6-1。

表 6-1　CO 分别吸附于 Mo-端/模型 1、S-端/模型 1、模型 2 和模型 3 的吸附能

表面	吸附位	E_{ads}/eV
Mo-端/模型 1	Mo-bridge	−2.18
S-端/模型 1	Mo-top	−0.64
模型 2	Mo-bridge	−2.23
模型 3	Mo-top	−1.67

由表 6-1 可知，CO 在 S-端/模型 1 的吸附能−0.64eV 远小于在 Mo-端/模型 1 的吸附能−2.18eV，表明甲烷化反应中，反应物 CO 主要吸附于 Mo-端/模型 1；由此可知，MoS₂(100) 表面的 Mo-端是 CO 甲烷化的催化活性面。在洁净的 MoS₂(100) 表面 Mo-端，CO 以 −2.23eV 的吸附能优先吸附于 Mo-bridge 位[2]。

CO 在模型 3 的吸附能−1.67eV 小于其在模型 2 的吸附能 −2.23eV，这进一步证实，S-端因对 CO 的弱吸附而不具有甲烷化活性，CO 甲烷化反应主要发生在 Mo-端。这与 Zeng 等[3]的研究结果一致，在 MoS₂(100) 表面零 S 覆盖的 Mo-端和 100% S 覆盖的 S-端上，CO 在 Mo-端/Mo-bridge 位的吸附能−1.93eV 远大于在 S-端/Mo-top 位的吸附能−0.95eV。

相比 CO 在 S-端/模型 1 的吸附能−0.64eV，CO 在模型 3 的吸附能−1.67eV 较大，表明 Mo-端的存在，对 CO 分子在 S-端的吸附影响较大。相反，CO 在 Mo-端/模型 1 的吸附能−2.18eV 与其在模型 2 的吸附能−2.23eV 接近，表明 S-端的存在，对 CO 分子在 Mo-端的吸附能几乎没有影响。因此，为了简化模型，考虑去掉 S-端。实验中，通过 STM（扫描隧道显微镜）可观察到，单层 MoS₂(100) 的 Mo-端在载体表面上生长[4]。

（2）CO 解离

为了进一步验证，MoS₂(100) 表面上，仅 Mo-端对 CO 甲烷化反应具有催化活性，且 S-端的存在，不影响 Mo-端的催化行为。书后彩图 31 分别给出了 CO 解离反应在 Mo-端/模型 1 和模型 2 的势能图以及反应的起始态、过渡态和末态结构。

从书后彩图 31 可以看出，在 Mo-端/模型 1 和模型 2 上，CO 解离具有相似的过渡态结构和相近的活化能；且 C—O 断键过程中，两

个表面上的起始态、过渡态和末态结构的 C—O 键长也近乎相等。由此可知，S-端的存在，对 Mo-端的 CO 解离活性几乎没有影响。因此，为了减少计算量，在 $MoS_2(100)$ 周期性模型中，将暴露的 S-端片层移去，仅以暴露的 Mo-端片层为 $MoS_2(100)$ 表面模型。实验中，在原子尺度上测得，单层 MoS_2 负载的 Au 催化剂，具有催化活性的仅是 MoS_2 的边缘位，即，边缘和棱角处具有低 S 覆盖度的 Mo-端原子[5]。

6.1.1.3　$MoS_2(100)$ 表面模型

以 $MoS_2(100)$ 表面的 Mo-端代表简化后的 $MoS_2(100)$，记作 $MoS_2(100)$ 表面，如图 6-2 所示。$MoS_2(100)$ 表面模型为 4 层的 p (4×1) 超胞，包含 16 个 S-Mo-S 单元；底部 2 层原子固定，上部 2 层原子以及吸附物种弛豫；为忽略相邻的 2 个 Mo-端片层间作用力，真空层厚度设为 15Å；截断能为 400eV。

在图 6-2 中，$MoS_2(100)$ 表面上的吸附位有 Mo-top 和 Mo-bridge，并以 Mo_1、Mo_2、Mo_3 和 Mo_4 表示表面上的 4 个 Mo 原子。

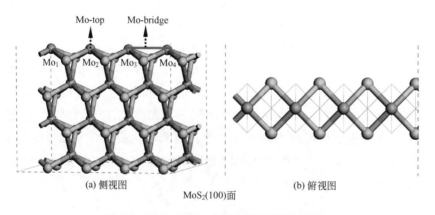

(a) 侧视图　　　　$MoS_2(100)$面　　　(b) 俯视图

图 6-2　$MoS_2(100)$ 表面侧视和俯视结构图

6.1.2　构建 S-Ni/MoS₂（100）表面模型

6.1.2.1　Ni 掺杂 $MoS_2(100)$ 表面

依 Le Chatelier's principle 化学平衡移动原理，研究活性相和反应条件间的热力学平衡对 Mo-或 S-端活性位的影响，结果表明，Ni、Co 替换 MoS$_2$(100) 表面，仅能部分替换边缘的 Mo，形成 Ni/Mo 或 Co/Mo 金属混合的边缘活性位[6]。在图 6-2 中，以 Ni 原子分别替换 MoS$_2$(100) 表面上的 2 个 Mo 原子，形成能 E_f 如式 (2-19) 所列，负的 E_f 表示 Ni/Mo 形成是放热过程，正的 E_f 表示该过程吸热。计算得，Ni 替换 Mo$_1$ 和 Mo$_2$ 的形成能分别为 -1.62eV 和 -1.69eV；表明 Ni 替换 Mo$_2$ 所形成的表面更稳定，记作 Ni/MoS$_2$(100)。

6.1.2.2　Ni/MoS$_2$(100) 表面 H$_2$S 解离吸附

(1) H$_2$S 解离相关物种的吸附

在 Ni/MoS$_2$(100) 表面上，易被硫化而中毒的 Ni 协同耐硫的 Mo 形成 Ni/Mo 活性位。在 CO 甲烷化过程中，由于合成气中存在微量的 H$_2$S 气体，为了明确催化剂活性中心的微观结构与化学环境的关系，研究 H$_2$S 在 Ni/MoS$_2$(100) 表面上的解离，以期较真实地表达 Ni/Mo 活性位的组成及微观结构。以 Ni/MoS$_2$(100)、S-Ni/MoS$_2$(100) 和 2S-Ni/MoS$_2$(100) 分别表示洁净的 Ni/MoS$_2$(100) 表面、吸附 1 个 S 原子的 Ni/MoS$_2$(100) 表面和吸附 2 个 S 原子的 Ni/MoS$_2$(100) 表面。表 6-2 给出了 H$_2$S 解离相关物种稳定吸附位及吸附能。

表 6-2　Ni/MoS$_2$(100)、S-Ni/MoS$_2$(100) 和 2S-Ni/MoS$_2$(100) 表面上 H$_2$S 解离相关物种稳定吸附位及吸附能 (E_{ads})

物种	表面					
	Ni/MoS$_2$(100)		S-Ni/MoS$_2$(100)		2S-Ni/MoS$_2$(100)	
	吸附位	E_{ads}/eV	吸附位	E_{ads}/eV	吸附位	E_{ads}/eV
H$_2$S	Mo$_3$-top	-1.17	Mo$_2$-top	-1.21	Mo$_2$-top	2.04
SH	Mo$_3$-Mo$_4$-bridge	-4.25	Mo$_2$-Mo$_3$-bridge	-3.70	Ni-Mo$_2$-bridge	-0.01
S	Mo$_3$-Mo$_4$-bridge	-6.34	Mo$_2$-Mo$_3$-bridge	-5.81	Ni-Mo$_2$-bridge	-1.27

由表 6-2 可知，H$_2$S、HS 和 S 不是吸附在 Ni 原子上，而是优先吸附在 Mo 原子上。且随着 Ni/MoS$_2$(100) 表面上吸附 S 的增加，H$_2$S、HS 和 S 的吸附能逐渐减小，S 与 Mo 的键合作用逐渐减弱；特别地，在吸附 2S-Ni/MoS$_2$(100) 表面上，第 3 个 H$_2$S 的吸附能变

为正值，表明 Ni/MoS$_2$(100) 表面上，第 3 个 H$_2$S 的吸附困难。实验发现，Ni 协同 MoS$_2$ 催化加氢脱硫反应，具有较高的催化活性[7]，DFT 计算得，以 Ni 替换 MoS$_2$ 片层边缘 Mo 原子为 Ni 掺杂 MoS$_2$ 的最稳定构型，这与实验手段探测得催化剂局部结构是一致的；Raybaud 还研究了 S 在活性边缘的吸附以及 S 的平衡覆盖度，结果表明，Ni 掺杂弱化了 Mo 与吸附 S 的键合能，使得活性金属位上 S 的平衡覆盖度降低[7]。

（2）H$_2$S 逐步解离

表 6-3 列出了 Ni/MoS$_2$(100)、S-Ni/MoS$_2$(100) 和 2S-Ni/MoS$_2$(100) 表面上 H$_2$S 分子在逐步解离的活化能和反应热。书后彩图 32 分别给出了 H$_2$S 在这三个面上的解离的势能图。

表 6-3　Ni/MoS$_2$(100)、S-Ni/MoS$_2$(100) 和 2S-Ni/MoS$_2$(100) 表面上 H$_2$S 分子逐步解离的活化能（E_a）和反应热（ΔE）

表面		反应			
		H$_2$S→SH+H		SH→S+H	
		E_a/eV	ΔE/eV	E_a/eV	ΔE/eV
第 1 个 H$_2$S 解离	Ni/MoS$_2$(100)	0.08	−1.92	0.21	−1.08
第 2 个 H$_2$S 解离	S-Ni/MoS$_2$(100)	0.13	−0.99	0.30	−0.19
第 3 个 H$_2$S 解离	2S-Ni/MoS$_2$(100)	0.50	−0.22	1.50	0.84

由书后彩图 32 可知，随着 Ni/MoS$_2$(100) 表面上吸附 S 的增加，第 1 个和第 2 个 H$_2$S 的解离为低能垒强放热反应，但是，第 3 个 H$_2$S 的解离为高能垒强吸热反应。这与 Prodhomme 等[8]研究不同 MoS$_2$ 模型的 S 空位形成结果是一致的：Prodhomme 在 50%S 的 Mo-端、50%S 和 100%S 的 S-端三个 MoS$_2$ 边缘上研究 S 空位的形成，即 H$_2$S 解离的逆反应。结果表明，3 个边缘上 S 空位的形成在热力学和动力学都是不利的，其总能垒分别高达 1.92eV、2.51eV 和 2.07eV[8]。

事实上，由本章结果可知，在 2 个 S 吸附的 Ni/MoS$_2$(100) 表面上，CH$_4$ 形成有利路径 2-4、路径 2-6 和路径 2-7 的总能垒仅为 0.90eV、0.99eV 和 0.99eV，且反应热分别为 −2.86eV、−2.56eV 和 −2.03eV。即在 2 个 S 吸附的 Ni/MoS$_2$(100) 表面上，CO 甲烷化

的总能垒低于 H_2S 解离的总能垒 1.28eV；相比 CH_4 形成，第 3 个 H_2S 的解离在热力学和动力学上都是不利的。

6.1.2.3　S-Ni/MoS₂（100）表面模型

CO 甲烷化过程中，不会出现 3 个 S 吸附的 Ni/MoS₂（100）表面。H_2S 解离生成的 2 个 S 都优先吸附在 Mo 原子上，且吸附 S 的 Mo 不会中毒；而吸附 S 的 Ni 会中毒，这就保护了 Ni。Ni、Co 掺杂 MoS₂ 的最优结构为：Ni 优先替换 Mo-端的 Mo 原子，而 Co 优先替换 S-端的 Mo 原子；吸附 S 不管在 Mo-端和还是 S-端，都仅与 Mo 成键，不与 Ni、Co 成键[9]。因此，微量 H_2S 气体存在下，以吸附两个 S 的 Ni/MoS₂（100）表面模拟 CO 甲烷化 Ni/Mo 催化剂的微观模型，记作 S-Ni/MoS₂（100），如书后彩图 33 所示。

在 S-Ni/MoS₂（100）表面上，由 Ni 原子、Mo 原子以及吸附的 S 原子形成的吸附位有 Ni-top、Ni-Mo-bridge、Mo-top 和 S-top 位。在电子水平上分析催化剂的组成和微观结构与催化性能的关系。

6.1.3　Ni/MoS₂（100）和 S-Ni/MoS₂（100）表面特性

图 6-3 给出了 MoS₂（100）和 S-Ni/MoS₂（100）表面 d 电子投影分波态密度。由式（2-22）计算得 MoS₂（100）和 S-Ni/MoS₂（100）表面的 d 带中心平均能 ε_d 分别为 -2.62eV 和 -2.40eV，S-Ni/MoS₂（100）表面的 d 带中心靠近费米能级，由此可知，Ni 掺杂和 S 吸附促进了 MoS₂（100）面反应性。

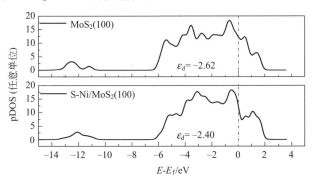

图 6-3　MoS₂（100）和 S-Ni/MoS₂（100）

表面 d 电子投影分波态密度

稳定的 Mo-S 表面上仅有 Mo^{6+}，而 Ni 掺杂产生了不饱和的低配位 Mo[10]；在 Ni-Mo-S 表面，Ni—S 键不稳定，无催化能力；Ni 掺杂 MoS_2（100）表面的最有利构型是：Ni 替换 MoS_2（100）边缘 Mo 原子[10]。在 25%S 覆盖 MoS_2（100）表面的 Mo-端，以 Co 替换边缘 Mo 形成 Co-MoS_2（100）表面，催化水汽转换反应。结果表明，尽管 Co 不是 CO 氧化和 H_2O 解离的活性位，但是，Co 能改变反应中间体的吸附构型，减小反应能垒；Co 对反应的重要贡献是：创造活性位，加快反应速率[11]。

6.2 MoS_2（100）和 S-Ni/MoS_2（100）表面物种的吸附

6.2.1 H_2 解离吸附

H_2 分子以 $-0.89eV$ 的吸附能吸附于 MoS_2（100）表面的 Mo-top 位，而在 S-Ni/MoS_2（100）表面，H_2 分子以 0.02eV 微弱的吸附能物理吸附于 Ni-top 位。书后彩图 34 给出了 H_2 在 MoS_2（100）和 S-NiMoS_2（100）表面上解离吸附的能量结构。吸附于 MoS_2（100）面上 Mo-top 位的 H_2 分子自发解离为吸附于两个相邻 Mo-bridge 位的 H 原子，过程放热 0.72eV。

微弱吸附于 S-Ni/MoS_2（100）表面 Ni-top 位的 H_2 分子经 TS2-1 发生解离，解离的两个 H 原子分别吸附于与 Ni 相邻的两个 Mo 原子上，该过程需克服 0.75eV 的活化能垒，放热 0.32eV；由此可知，H_2 解离在两个表面上都很容易发生。因此，在 MoS_2（100）和 S-Ni/MoS_2（100）表面上，H_2 分子主要以解离吸附形式存在。

6.2.2 各物种的吸附构型和吸附能

MoS_2（100）和 S-Ni/MoS_2（100）表面上 CO 甲烷化涉及的各物种稳定吸附构型如书后彩图 35 所示，表 6-4 列出了两个表面上各物种稳定吸附构型对应的吸附位和吸附能。

由书后彩图 35 可知，各物种在 MoS_2（100）和 S-Ni/MoS_2（100）面上的吸附构型相似，但吸附位和连接方式不同；在 MoS_2（100）面

表 6-4　MoS$_2$（100）和 S-Ni/MoS$_2$（100）面上 CO 甲烷化相关物种

稳定吸附构型的吸附位和吸附能

物种	MoS$_2$（100）			S-Ni/MoS$_2$（100）		
	吸附位	E_{ads}/eV	q/e	吸附位	E_{ads}/eV	q/e
H$_2$	Mo-top	−0.89	—	Ni-top	0.02	—
H	Mo-bridge	3.03	1.43	Ni-Mo-bridge	−1.81	1.23
CO	Mo-bridge	−2.23	10.76	Mo-top	−0.74	10.20
O	Mo-bridge	−7.54	6.97	Mo-top	−4.80	7.45
OH	Mo-bridge	−4.77	7.60	Mo-top	−3.14	7.49
H$_2$O	Mo-top	−0.78	7.96	Mo-top	−0.39	7.96
CH$_3$O	Mo-top	−3.94	13.43	Mo-top	−2.17	13.44
CH$_3$OH	Mo-top	−0.90	13.96	Mo-top	−0.46	13.96
COH	Mo-bridge	−4.48	11.61	Ni-Mo-bridge	−2.30	11.29
HCOH	Mo-bridge	−4.65	12.52	Ni-top	−2.70	11.90
HCO	Mo-bridge	−3.50	11.82	Ni-Mo-bridge	−1.68	11.36
CH$_2$O	Mo-bridge	−2.65	12.79	Ni-Mo-bridge	−0.60	12.49
CH$_2$OH	Mo-bridge	−2.98	13.42	Ni-Mo-bridge	−1.46	13.25
CO$_2$	Mo-bridge	−1.39	16.94	Ni-Mo-bridge	0.18	16.60
C	Mo-bridge	−7.22	4.90	Ni-Mo-bridge	−4.94	4.59
CH	Mo-bridge	−6.85	5.76	Ni-Mo-bridge	−4.71	5.38
CH$_2$	Mo-bridge	−4.82	6.63	Ni-Mo-bridge	−2.83	6.3
CH$_3$	Mo-bridge	−2.71	7.44	Ni-top	−1.04	7.20
CH$_4$	Mo-top	−0.17	8.03	Ni-top	−0.16	8.01

上，CO 和 COH 通过 C 原子吸附于 Mo-bridge 位，O 和 OH 经 O 原子吸附于 Mo-bridge 位，H$_2$O、CH$_3$O 和 CH$_3$OH 经 O 原子吸附于 Mo-top 位，HCO、CH$_2$O、HCOH、CH$_2$OH 和 CO$_2$ 通过 C 和 O 原子吸附于 Mo-bridge 位，C、CH、CH$_2$ 和 CH$_3$ 经 C 原子吸附于 Mo-bridge 位；而在 S-Ni/MoS$_2$（100）面上，CO 经 C 原子仅与表面 Mo 原子相连；COH、C、CH 和 CH$_2$ 通过 C 原子吸附于 Ni-Mo-bridge 位，CH$_3$ 和 HCOH 经 C 原子吸附于 Ni-top 位，O、OH、H$_2$O、CO、CH$_3$O、CH$_3$OH 通过 O 原子吸附于 Mo-top 位，HCO、CH$_2$O、CH$_2$OH 和 CO$_2$ 经 C—Ni 和 O—Mo 键吸附于 Ni-Mo-bridge 位。

由表 6-4 可知，除了 CH$_4$ 是物理吸附，其余均为化学吸附；且

各物种在 $MoS_2(100)$ 面上的吸附能远大于在 S-Ni/$MoS_2(100)$ 面上的吸附能。

6.2.3 Ni 掺杂和 S 吸附对各物种吸附的影响

由于 Ni 掺杂和 S 吸附形成新的 NiMo 活性位,各物种在两个表面上的吸附位和连接方式明显不同,且由此而引起的吸附能差别甚大,如图 6-4 所示。表明 Ni 掺杂和 S 吸附弱化了 S-Ni/$MoS_2(100)$ 面对各物种的吸附。

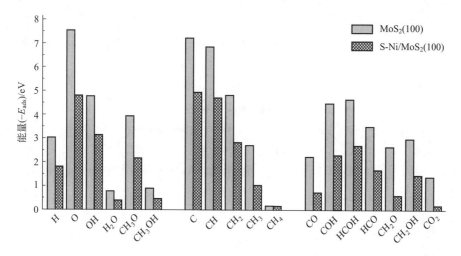

图 6-4 $MoS_2(100)$ 和 S-Ni/$MoS_2(100)$ 表面上 CO 甲烷化各表面物种的吸附能

究其原因,Mo 丰富的 d 电子使 Mo 可配位多个 S,所以吸附了 S 的 Mo 表面原子,仍然可吸附含 O 的 CH_xO 物种,进而促进 CH_4 合成,只是吸附能力变弱了。在表 6-4 中,吸附了 S 的 Mo 与 O 的结合能力变弱,含氧物种的吸附能都变小了。图 6-5 给出了以 CH_2OH 为代表的含氧物种在 $MoS_2(100)$ 和 S-Ni/$MoS_2(100)$ 表面上的投影分波态密度 (pDOS)。

在图 6-5 中,相比 $MoS_2(100)$ 面上 O_{2p} 与 Mo_{4d} 轨道间较强的杂化,S-Ni/$MoS_2(100)$ 面上 O_{2p} 与 Mo_{4d} 轨道重叠较小。S 的吸附使 Mo_{4d} 与 S_{3p} 轨道杂化,形成 S—Mo 键,Mo_{4d} 电子重新排布,Mo_{4d} 与 O_{2p} 电子轨道重叠量减少,导致 Mo_{4d} 与 O_{2p} 杂化变弱,O—Mo 键弱化,含氧物种的吸附能变小。同时,在 $MoS_2(100)$ 面上,C_{2p} 与 Mo_{4d} 轨道间存在较大的重叠,而 S-Ni/$MoS_2(100)$ 面上的 Ni-Mo-S

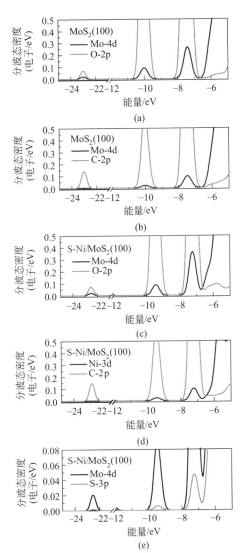

图 6-5　CH₂OH 在 MoS₂(100) 和 S-Ni/MoS₂(100) 表面上的投影分波态密度

活性位上，C_{2p} 与 Ni_{3d} 轨道间杂化较弱。因此，MoS₂(100) 面对含氧物种的吸附明显强于 S-Ni/MoS₂(100) 面，在表 6-4 中，Ni-Mo-S 活性位上各吸附物种的电荷转移量明显减少，反而，在此过程中 Ni-Mo 间有较多的电荷转移量。Gutierrez 研究 MoS₂ 的加氢脱硫活性中发现，Ni 掺杂增加 MoS₂ 在载体 Al₂O₃ 上的分散度，促进 Ni-Mo-S 活性位的形成；在低配位 Ni-Mo-S 活性位上，S 空位的存在为反应中间体的吸附提供空间位置，提高加氢脱硫活性[12]。

6.3　MoS$_2$（100）和 S-Ni/MoS$_2$（100）表面上 CO 甲烷化机理

6.3.1　CO 活化

最初的 CO 经解离和加氢反应生成 C+O、HCO 和 COH；书后彩图 36 给出了 MoS$_2$(100) 和 S-Ni/MoS$_2$(100) 表面上 CO 活化反应的势能图以及反应的起始态、过渡态和末态结构。

由书后彩图 36 可知，在 MoS$_2$(100) 和 S-Ni/MoS$_2$(100) 表面上，C—O 键直接断裂所需的活化能 2.18eV 和 4.52eV 都较加氢能垒高，是动力学不利的反应。当 CO 和 H 共吸附并反应时，相比 COH 生成，HCO 生成的动力学和热力学都是有利的。因此，在后续加氢反应中，仅考虑 HCO 氢化反应，不考虑 COH 的氢化。同时，HCO 生成在 MoS$_2$(100) 面上吸热 0.41eV，而在 S-Ni/MoS$_2$(100) 面上放热 0.18eV，放热的 HCO 生成反应可促进后续 HCO 解离及氢化反应的进行；表明 Ni 掺杂和 S 吸附可能会降低 CH$_4$ 生成的总能垒。

6.3.2　MoS$_2$（100）和 S-Ni/MoS$_2$（100）表面 CH$_4$ 生成

对于 CO 活化所产生的 C+O、HCO 和 COH：C 连续加氢生成 CH$_4$；HCO 经一系列氢化生成 CH$_x$O 或 CH$_x$OH，之后 C—O 键断裂生成 CH$_x$，CH$_x$ 连续加氢生成 CH$_4$；COH 解离生成 C，C 连续加氢生成 CH$_4$。表 6-5 列出了 CH$_4$ 形成过程涉及的相关能量。书后彩图 37 和书后彩图 38 分别给出了 MoS$_2$(100) 和 S-Ni/MoS$_2$(100) 表面上 CO 甲烷化过程所涉及相关反应的起始态、过渡态和末态结构。

在书后彩图 37 中，起始于 CO、HCO 和 COH 物种，CO 和 COH 直接解离生成 C、O 和 OH；HCO 经 C—H 和（或）O—H 成键反应可连续氢化为 HCOH、CH$_2$O、CH$_2$OH 和 CH$_3$O，之后发生 C—O 键断裂反应生成 CH、CH$_2$、CH$_3$、O 和 OH；生成的 CH$_x$（x=0~3）和 OH$_x$（x=0~1）被逐步氢化为 CH$_4$ 和 H$_2$O。同时，中间体 CH$_2$OH 和 CH$_3$O 可被氢化为 CH$_3$OH。

表 6-5　**MoS₂(100) 和 S-Ni/MoS₂(100) 表面上 CH₄ 形成过程所涉及的相关反应能量**

相关反应	MoS₂(100)				S-Ni/MoS₂(100)			
	反应	活化能 $(E_a)/$ eV	反应热 $(\Delta E)/$ eV	过渡态唯一虚频(v) $/cm^{-1}$	反应	活化能 $(E_a)/$ eV	反应热 $(\Delta E)/$ eV	过渡态唯一虚频(v) $/cm^{-1}$
$H_2 \rightarrow H+H$	R1-1	—	−0.72	—	R2-1	0.75	0.32	$242i$
$CO \rightarrow C+O$	R1-2	2.18	−0.83	$325i$	R2-2	4.52	3.02	$73i$
$CO+H \rightarrow HCO$	R1-3	0.46	0.41	$386i$	R2-3	0.90	−0.18	$343i$
$CO+H \rightarrow COH$	R1-4	2.00	1.26	$1175i$	R2-4	1.33	1.03	$973i$
$C+H \rightarrow CH$	R1-5	1.28	−0.01	$930i$	R2-5	0.35	−1.23	$233i$
$CH+H \rightarrow CH_2$	R1-6	0.53	−0.11	$764i$	R2-6	0.14	−0.98	$166i$
$CH_2+H \rightarrow CH_3$	R1-7	0.57	0.12	$760i$	R2-7	0.85	−1.13	$145i$
$CH_3+H \rightarrow CH_4$	R1-8	1.26	0.86	$993i$	R2-8	1.10	−1.23	$1613i$
$O+H \rightarrow OH$	R1-9	2.29	1.39	$1431i$	R2-9	0.36	−0.49	$208i$
$OH+H \rightarrow H_2O$	R1-10	2.82	1.98	$56i$	R2-10	0.36	−0.56	$429i$
$HCO \rightarrow CH+O$	R1-11	0.65	−1.44	$507i$	R2-11	3.74	1.81	$161i$
$HCO+H \rightarrow HCOH$	R1-12	2.25	1.62	$1304i$	R2-12	0.52	0.33	$106i$
$HCOH \rightarrow CH+OH$	R1-13	0.39	−2.15	$516i$	R2-13	2.20	0.07	$276i$
$HCOH+H \rightarrow CH_2OH$	R1-14	0.79	−0.17	$780i$	R2-14	0.09	−1.22	$16i$
$CH_2OH \rightarrow CH_2+OH$	R1-15	0.30	−1.85	$501i$	R2-15	1.28	0.57	$153i$
$CH_2OH+H \rightarrow CH_3OH$	R1-16	1.81	0.95	$32i$	R2-16	0.87	−0.77	$512i$
$HCO+H \rightarrow CH_2O$	R1-17	0.61	−0.19	$431i$	R2-17	1.17	−0.39	$610i$
$CH_2O \rightarrow CH_2+O$	R1-18	0.46	−1.63	$473i$	R2-18	2.17	1.68	$105i$
$CH_2O+H \rightarrow CH_2OH$	R1-19	2.78	1.63	$1393i$	R2-19	0.82	−0.20	$1027i$
$CH_2O+H \rightarrow CH_3O$	R1-20	0.80	0.47	$77i$	R2-20	0.68	−0.70	$459i$
$CH_3O \rightarrow CH_3+O$	R1-21	0.33	−1.59	$87i$	R2-21	1.87	0.47	$395i$
$CH_3O+H \rightarrow CH_3OH$	R1-22	2.12	2.03	$117i$	R2-22	0.40	−0.68	$187i$
$COH \rightarrow C+OH$	R1-23	1.46	−1.41	$911i$	R2-23	1.73	0.43	$188i$
$COH+H \rightarrow HCOH$	R1-24	1.55	0.80	$744i$	R2-24	0.97	−0.66	$889i$
$CH_3OH \rightarrow CH_3+OH$	R1-25	0.11	−2.53	$68i$	R2-25	1.81	0.34	$197i$
$CO+CO \rightarrow C+CO_2$	R1-26	2.30	1.21	$22i$	R2-26	2.83	2.11	$212i$
$C+C \rightarrow C_2$	R1-27	1.85	−1.73	$324i$	R2-27	0.75	−1.87	$102i$

注："—"表示该过程自发进行。

　　在书后彩图 38 中，S-Ni/MoS₂(100) 表面上 CH₄ 的形成也是起始于 HCO、COH 和 CO 物种，且 CH_4、H_2O 和 CH_3OH 形成的基元反应相似于 $MoS_2(100)$ 表面。

基于以上反应，图 6-6 和图 6-7 分别给出了 $MoS_2(100)$ 和 S-Ni/$MoS_2(100)$ 表面上 CH_4、H_2O 和 CH_3OH 形成的路径和势能图。

在图 6-6 中，$MoS_2(100)$ 表面上 CH_4 形成路径 1-1～路径 1-10 所对应的总能垒分别为 2.18eV、1.06eV、2.66eV、2.82eV、1.02eV、3.00eV、1.02eV、2.72eV、2.81eV 和 2.85eV；基于总能垒，最优路径为路径 1-2 $CO→HCO→CH→CH_2→CH_3→CH_4$、路径 1-5 $CO→HCO→CH_2O→CH_2→CH_3→CH_4$ 和路径 1-7 $CO→HCO→CH_2O→CH_3O→CH_3→CH_4$，其总能垒分别为 1.06eV、1.02eV 和 1.02eV，相应的反应热分别为 -0.16eV、-0.43eV 和 -0.04eV。同时，副产物 CH_3OH 形成的可能路径为 $CO→HCO→CH_2O→CH_3O→CH_3OH$，总能垒和反应热分别为 2.81eV 和 2.72eV。

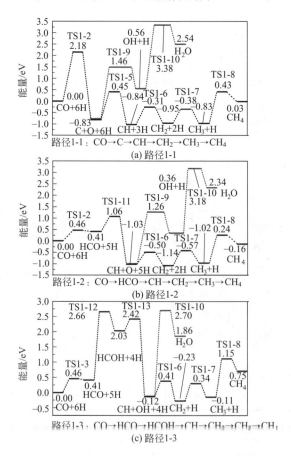

(a) 路径1-1

(b) 路径1-2

(c) 路径1-3

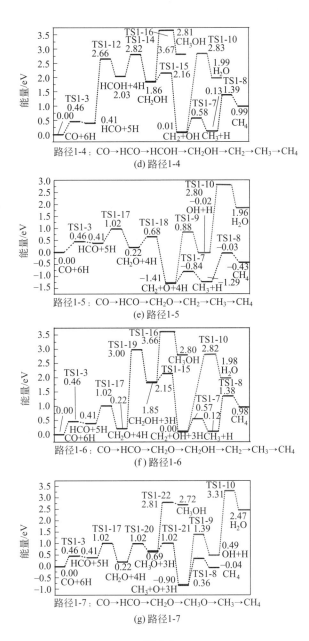

图 6-6

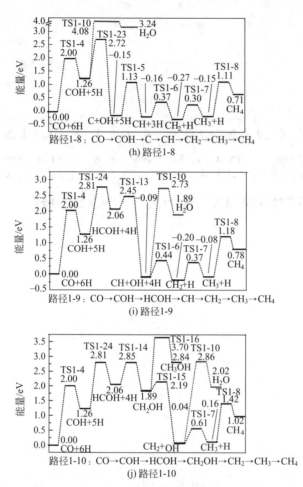

图 6-6　$MoS_2(100)$ 表面上 CO 甲烷化过程中 CH_4、H_2O 和

CH_3OH 形成的路径和势能图

在图 6-7 中，S-Ni/$MoS_2(100)$ 表面上 CH_4 形成路径 2-1～路径 2-10 所对应的总能垒分别为 4.52eV、3.56eV、2.35eV、0.90eV、1.96eV、0.99eV、0.99eV、2.76eV、2.57eV 和 2.00eV；相比较，有利路径为路径 2-4 CO→HCO→HCOH→CH_2OH→CH_2→CH_3→CH_4、路径 2-6 CO→HCO→CH_2O→CH_2OH→CH_2→CH_3→CH_4 和路径 2-7 CO→HCO→CH_2O→CH_3O→CH_3→CH_4，其总能垒分别为 0.90eV、0.99eV 和 0.99eV，相应的反应热分别为 −2.86eV、−2.56eV和−2.03eV。在 CH_4 的形成过程中，路径 2-4、路径 2-6、路径 2-7 和路径 2-10 伴随着副产物 CH_3OH 的生成，其总能垒与 CH_4 生成的总能垒相同，但反应热明显低于 CH_4 生成的反应热。

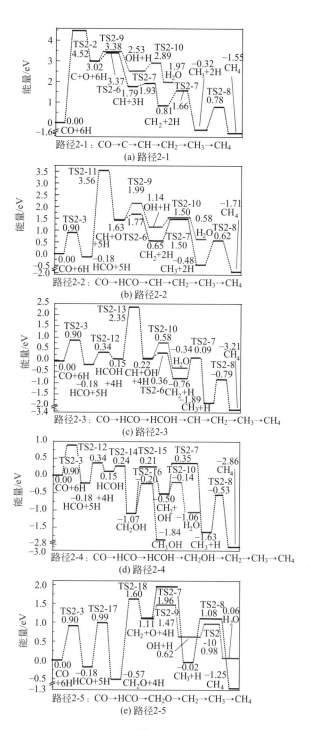

(a) 路径2-1

(b) 路径2-2

(c) 路径2-3

(d) 路径2-4

(e) 路径2-5

图 6-7

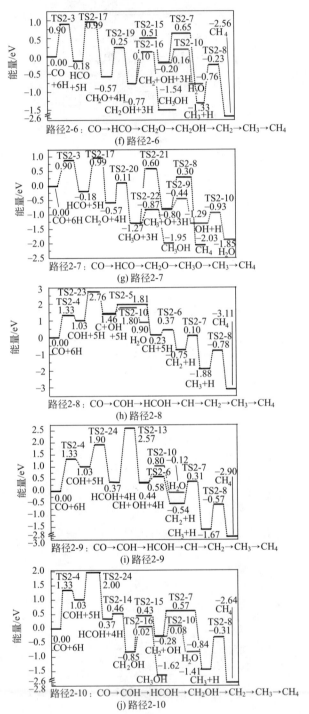

图 6-7　S-Ni/MoS₂(100)表面上 CO 甲烷化过程中 CH₄、H₂O 和 CH₃OH 形成的路径和势能图

6.3.3　洁净的 MoS_2（100）表面上低配位的 Mo 对 CH_4 和 H_2O 生成活性的影响

在 $MoS_2(100)$ 表面上，CH_4 形成最优路径 1-2、路径 1-5 和路径 1-7 所涉及的 C—O 断键反应 $HCO \longrightarrow CH+O$（$E_a=0.65eV$，$\Delta E=-1.44eV$）、$CH_2O \longrightarrow CH_2+O$（$E_a=0.46eV$，$\Delta E=-1.63eV$）和 $CH_3O \longrightarrow CH_2+O$（$E_a=0.33eV$，$\Delta E=-1.59eV$）都是低能垒强放热反应，且随着 C 原子饱和度的增加，CH_xO（$x=1\sim3$）的 C—O 断键反应变得越容易，生成的 CH_x（$x=1\sim3$）逐步氢化成 CH_4 产品，而且 CH_4 形成最优路径 1-2、路径 1-5 和路径 1-7 的总能垒 $1.06eV$、$1.02eV$ 和 $1.02eV$ 明显低于 Ni(111)、Ni(211)、Ni_4-ZrO_2(111) 和 Ni_{13}-ZrO_2(111) 面上 CH_4 生成的总能垒 $2.33eV$、$2.22eV$、$2.38eV$ 和 $2.26eV$；因此，洁净的 MoS_2（100）面上生成 CH_4 是有利的。

然而，在 $CO+3H_2 \longrightarrow CH_4+H_2O$ 反应中，CH_4 生成过程伴随着 H_2O 的生成。CH_xO 解离产生大量的 O 自由基，其逐步氢化成 H_2O 的反应却都是高能垒强吸热过程，并由此导致 CH_4 形成最优路径 1-2、路径 1-5 和路径 1-7 中 H_2O 生成的总能垒高达 $3.18eV$、$2.80eV$ 和 $3.31eV$，由此可知，Mo 催化剂甲烷化活性不及金属 Ni。事实上，O 与 S 的性质相似，Mo 对 O 的强键合作用是 O 物种难于逐步氢化成 H_2O 的关键，这与 Mo 催化剂上 H_2S 极易解离生成 S 是一致的。因此甲烷化实验中生成的 H_2O 需在高温下快速脱附。

6.3.4　Ni 掺杂和 S 吸附对 CH_4 生成活性的影响

对于 S-Ni/MoS_2(100) 表面，在掺杂的 Ni 原子和吸附 S 的 Mo 原子所形成的 Ni-Mo-S 活性位上，存在缺电子 Ni 中心和吸附 S 的富电子 Mo 中心。CH_4 形成最优路径 2-4、路径 2-6 和路径 2-7 中，尽管 C—O 断键反应 $CH_2OH \longrightarrow CH_2+OH$（$E_a=1.28eV$，$\Delta E=0.57eV$）和 $CH_3O \longrightarrow CH_3+O$（$E_a=1.87eV$，$\Delta E=0.47eV$）均能垒较高且是吸热反应，但解离产生的 CH_2 和 CH_3 在缺电子 Ni 中心位的逐步氢化，$CH_2+H \longrightarrow CH_3$（$E_a=0.85eV$，$\Delta E=-1.13eV$）和 $CH_3+H \longrightarrow CH_4$（$E_a=1.10eV$，$\Delta E=-1.23eV$）都

是强放热反应，以致 CH_4 形成最优路径 2-4、路径 2-6 和路径 2-7 的总能垒仅为 0.90eV、0.99eV 和 0.99eV，表明 Ni-Mo-S 活性位能促进 CH_4 产品的生成。实验发现，Ni/Mo 合金对 C—O 键活化的影响归功于 Mo 与 Ni 形成新的活性位，Ni-0.5%Mo-SiO$_2$ 具有最好的催化活性，在 400℃、2.0MPa 和 12000mL/(g·h) 的 WHSV 下，CO 转化率达 100%，CH_4 选择性达 99%[13]。

而且，Ni-Mo-S 活性位对 CO 甲烷化的贡献不仅仅是降低了 CH_4 形成的总能垒，更为重要的是，Ni-Mo-S 活性位上吸附的 S 能降低生成 H_2O 的总能垒。由于 CH_2OH 和 CH_3O 解离生成的 O 自由基吸附在被 S 化的 Mo 上，S—Mo 键的存在弱化了 O—Mo 键；在大量 H 存在下，Mo 对 O 的弱吸附使得含氧物种尽可能将 O 外层电子 O_{2p} 与 H_{1s} 共用轨道，结合成较为稳定的 OH，直至生成 H_2O，这与 O 逐步氢化生成 H_2O 的过程都是低能垒强放热反应是一致的。这样，掺杂的 Ni 与 S 化的 Mo 协同催化 CO 甲烷化生成 CH_4 和 H_2O。实验发现，Ni_{3d} 轨道存在 9.4e，Ni_{4s} 轨道存在 0.6e；这样，Ni_{3d} 空电子轨道的存在，能容纳邻近 Mo 原子的电子[14]，Ni 的电子云密度增加 $Ni^0 \rightarrow Ni^{\delta-}$。在甲烷化过程中，Ni 增大的电子云密度有利于增强 Ni—C 键，弱化 Ni—C—O 中的 C—O 键，使得 CO 解离容易，从而导致催化活性的增加[15]。

6.3.5 洁净的 MoS_2（100）面上低配位的 Mo 对 CH_4 生成选择性的影响

由 6.3.2 部分可知，MoS_2(100) 表面上 CH_4 形成的总能垒（1.06eV、1.02eV 和 1.02eV）明显低于 CH_3OH 形成的总能垒（2.81eV），且 CH_4 形成是放热的（-0.16eV、-0.43eV 和 -0.04eV），而 CH_3OH 形成是吸热的（2.72eV）；由此可知，CH_4 形成的动力学和热力学都是有利的，CH_4 的形成明显优先 CH_3OH 形成，表明洁净 MoS_2(100) 表面上能高选择性地生成 CH_4。

在表 6-6 中，对于生成 CH_3OH 的关键中间体 CH_2OH 或 CH_3O，其氢化能垒 1.81eV 和 2.12eV 远高于 C—O 断键能垒 0.30eV 和 0.33eV，且氢化都是高吸热反应，吸热量分别为 0.95eV 和 2.03eV；而 C—O 断键都是强放热反应，反应热分别为

-1.85eV 和 -1.59eV；由此可知，相比 C—O 断键反应，在动力学和热力学上，CH_2OH 或 CH_3O 氢化生成副产物 CH_3OH 都是明显不利的。

表 6-6　MoS_2(100) 表面 CH_2OH 和 CH_3O 解离与氢化相关物种
CH_2OH、CH_2+OH、CH_3OH、CH_3O 和 CH_3+O 的荷电量 q

物种	CH_2OH	CH_2+OH	CH_3OH	CH_3O	CH_3+O
电荷 q/e	C(3.92) O(7.59) H^C(0.96) H^C(0.95) H^O(0.00)	C(4.77) O(7.59) H^C(0.95) H^C(0.95) H^O(0.00)	C(3.54) O(7.65) H^C(0.93) H^C(0.89) H^C(0.95) H^O(0.00)	C(3.43) O(7.23) H^C(0.90) H^C(0.93) H^C(0.95)	C(4.52) O(6.77) H^C(1.06) H^C(0.92) H^C(0.90)
总电荷 $/e$	0.42	1.26	-0.04	0.44	1.17

究其原因，CH_2OH 或 CH_3O 在 MoS_2(100) 表面上的氢化是还原过程，不论 C 原子加氢还是 O 原子加氢，都是 H 原子向 CH_2OH 或 CH_3O 转移电子的过程；H—C 或 H—O 键的形成弱化了催化剂 MoS_2(100) 表面 Mo 原子对氢化产物 CH_3OH 的键合作用，Mo—O 键减弱。与之相反的是，CH_2OH 或 CH_3O 中 C—O 键的断裂产生了 CH_2、CH_3、OH 和 O；缺电子的烃基 CH_2 和 CH_3 以及电负性强的 OH 和 O 分别与催化剂 MoS_2(100) 表面 Mo 原子间电子转移量增加，形成较强的 Mo—O 键和 Mo—C 键。表 6-6 和图 6-8 分别给出了 CH_2OH 和 CH_3O 解离与氢化反应所涉及的关键物种 CH_2OH、CH_2+OH、CH_3OH、CH_3O 和 CH_3+O 在 MoS_2(100) 表面上的 Bader 价电荷和投影分波态密度（pDOS）。

由表 6-6 可知，相比 CH_2OH 和 CH_3O 的 C—O 断键和氢化反应，MoS_2(100) 表面 Mo 原子向解离产物的电子转移量远大于氢化产物的电子转移量。由图 6-8 可知，Mo 与解离产物间的 Mo—O 相互作用远强于氢化产物 CH_3OH 中的 Mo—O 键。

由此可知，Mo 对 O 的强键合作用促进了 CH_2OH 和 CH_3O 的 C—O 键断裂，抑制了其加氢反应；因此，MoS_2(100) 表面上 CH_4 的形成优先于 CH_3OH 形成。

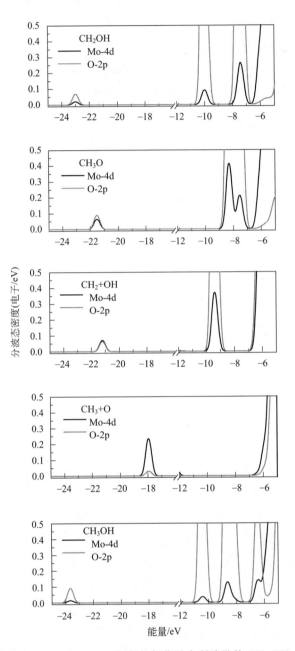

图 6-8　相关 CH_2OH 和 CH_3O 解离与氢化反应所涉及的 CH_2OH、CH_3O、CH_2+OH、CH_3+O 和 CH_3OH 在 $MoS_2(100)$ 表面上的投影分波态密度

6.3.6 Ni 掺杂和 S 吸附对 CH$_4$ 生成选择性的影响

由图 6-7 可知，在 CH$_4$ 形成路径 2-1、路径 2-6、路径 2-7 和路径 2-10 中，伴随着 CH$_4$ 的生成，有副产物 CH$_3$OH 形成；且与 MoS$_2$(100) 表面不同的是，S-Ni/MoS$_2$(100) 表面上 CH$_3$OH 与 CH$_4$ 生成的总能垒是相同的。吸附的 CH$_3$OH 能进一步发生 C—O 断键反应生成 CH$_3$ 和 OH，随后转化为 CH$_4$ 和 H$_2$O。表 6-5 和书后彩图 38 分别给出了 CH$_3$OH 发生 C—O 断键反应 R2-25 所需的活化能和反应热以及反应的起始态、过渡态和末态结构。图 6-9 给出了由 CH$_3$OH 解离产生 CH$_4$ 的路径和势能图，同时展示了相应的 CH$_4$ 形成路径 2-4′、路径 2-6′、路径 2-7′和路径 2-10′。

由表 6-5 可知，CH$_2$OH 和 CH$_3$O 氢化能垒 0.87eV 和 0.40eV 远低于其 C—O 断键能垒 1.28eV 和 1.87eV；且氢化反应强放热，而 C—O 断键反应高吸热，即在动力学和热力学上，CH$_3$OH 生成都是有利的，因此，CH$_3$OH 解离对提高 CH$_4$ 生成选择性至关重要。在图 6-9 中，经 CH$_3$OH 解离导致的 CH$_4$ 生成路径 2-4′、路径 2-6′、路径 2-7′和路径 2-10′，其总能垒分别与图 6-7 中 CH$_4$ 生成路径 2-1、路径 2-6、路径 2-7 和路径 2-10 的总能垒 0.90eV、0.99eV、0.99eV 和 2.00eV 相同。这样，尽管 S-Ni/MoS$_2$(100) 表面上有副产物 CH$_3$OH 生成，但吸附于 S-Ni/MoS$_2$(100) 表面上的 CH$_3$OH 能解离形成 CH$_4$，Ni-Mo-S 活性位能够实现 CH$_4$ 的高选择性生成。基于总能垒，经 CH$_3$OH 解离生成 CH$_4$ 路径为路径 2-4′、路径 2-6′和路径 2-7′，相应的总能垒分别为 0.90eV、0.99eV 和 0.99eV。

6.3.7 Ni 掺杂和 S 吸附对甲烷化与硫化的影响

图 6-10 比较了 S-Ni/MoS$_2$(100) 表面上甲烷化与硫化的总能垒和反应热。

相比 CH$_4$ 形成有利路径 2-4、路径 2-6 和路径 2-7 的总能垒，第 3 个 H$_2$S 解离在动力学和热力学上都是不利的。MoS$_2$ 平面的边缘上，弱 Mo—S 键以及 S 空位所形成的微环境是 CO 甲烷化的活性位，达到热力学平衡时，CO 转化率达 88.2%[16]。这进一步证实，以吸

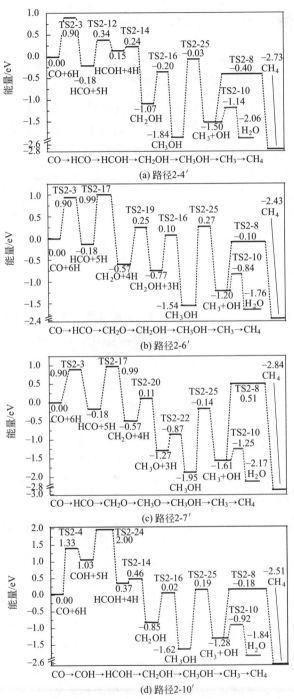

图 6-9 S-Ni/MoS$_2$(100) 表面上 CO 甲烷化过程中由 CH$_3$OH 解离产生 CH$_4$ 和 H$_2$O 的路径和势能图

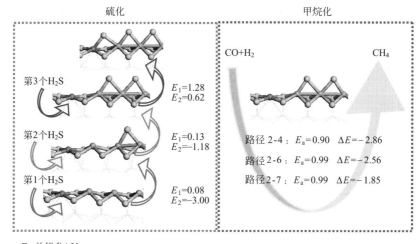

硫化　　　　　　　　　　　甲烷化

CO+H₂　　　　　　　　CH₄

第3个H₂S　　$E_1=1.28$　$E_2=0.62$

第2个H₂S　　$E_1=0.13$　$E_2=-1.18$

路径 2-4：$E_a=0.90$　$\Delta E=-2.86$

路径 2-6：$E_a=0.99$　$\Delta E=-2.56$

路径 2-7：$E_a=0.99$　$\Delta E=-1.85$

第1个H₂S　　$E_1=0.08$　$E_2=-3.00$

E_1：总能垒/eV
E_2：反应能/eV

哪个优先？

图 6-10　比较 S-Ni/MoS₂(100) 表面上甲烷化与硫化的总能垒和反应热

附 2 个 S 的 Ni/MoS₂(100) 表面模拟 CO 甲烷化 Ni/Mo 催化剂的微观模型 S-Ni/MoS₂(100) 是合理的。

6.4　MoS₂(100) 和 S-Ni/MoS₂(100) 表面上 C 形成机理

耐硫 Mo 基催化剂在 CO 甲烷化过程中产生的 CH_x 既能加氢生成产物 CH_4，又能脱氢生成 C，表面 C 的聚集成核可引起 Mo 基催化剂催化性能的降低；因此，研究 Mo 基催化剂上的 C 形成机理，为制备既抗 S 中毒又抗积炭的 Mo 基甲烷化催化剂提供基本信息。

6.4.1　表面 C 形成

在 MoS₂(100) 和 S-Ni/MoS₂(100) 表面上，导致表面 C 形成的 C—O 断键反应为 CO ⟶ C+O、COH ⟶ C+OH 和 2CO ⟶ CO_2+C；相关 C 形成反应的活化能和反应热列在表 6-5；MoS₂(100) 和 S-Ni/MoS₂(100) 表面上 C 形成所涉及相关反应的起始态、过渡态和末态结构如书后彩图 39 所示。

图 6-11(a)、(b) 分别给出了 MoS₂(100) 和 S-Ni/MoS₂(100)

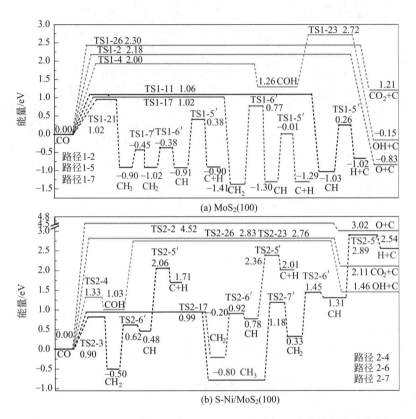

图 6-11　MoS$_2$(100) 和 S-Ni/MoS$_2$(100) 表面上 C 形成路径和势能图

表面上起始 CO 经 C—O 和 C—H 键断裂所致的 C 形成路径和势能图。除了 CO 直接解离、COH 解离和 CO 歧化所致的 C—O 键断裂反应外，MoS$_2$(100) 表面上 CH$_4$ 形成最优路径 1-2 CO→HCO→CH→CH$_2$→CH$_3$→CH$_4$、路径 1-5 CO→HCO→CH$_2$O→CH$_2$→CH$_3$→CH$_4$ 和路径 1-7 CO→HCO→CH$_2$O→CH$_3$O→CH$_3$→CH$_4$ 中 CH、CH$_2$ 和 CH$_3$ 以及 S-Ni/MoS$_2$(100) 表面上 CH$_4$ 形成最优路径 2-4 CO→HCO→HCOH→CH$_2$OH→CH$_2$→CH$_3$→CH$_4$、路径 2-6 CO→HCO→CH$_2$O→CH$_2$OH→CH$_2$→CH$_3$→CH$_4$ 和路径 2-7 CO→HCO→CH$_2$O→CH$_3$O→CH$_3$→CH$_4$ 中 CH$_2$ 和 CH$_3$ 的热解也会导致表面 C 生成。

在图 6-11 中，CH$_3$、CH$_2$ 和 CH 逐步热解为 C 的过渡态与 C 逐步氢化为 CH$_3$ 的过渡态是相同的，即 TS1-7′、TS1-6′ 和 TS1-5′ 分别

与 TS1-7、TS1-6 和 TS1-5 一致。导致 C 形成的路径有 C—O 和 C—H 断键路径。经 C—O 断键的路径分别为路径 CO $\longrightarrow$ C+O、路径 2CO $\longrightarrow$ CO₂+C 和路径 CO+H $\longrightarrow$ COH $\longrightarrow$ C+OH；经 C—H 断键的路径在 MoS₂(100) 表面上有路径 1-2、路径 1-5 和路径 1-7，在 S-Ni/MoS₂(100) 表面上有路径 2-4、路径 2-6 和路径 2-7。

基于总能垒，在图 6-11(a) 中，CH₄ 形成最优路径 1-2、路径 1-5 和路径 1-7 中 CH、CH₂ 和 CH₃ 的逐步热解是表面 C 形成的主要来源，且表面 C 与 CH₄ 生成的总能垒相同，由此可知，MoS₂(100) 表面上 C 与 CH₄ 的形成是竞争的。在图 6-11(b) 中，CH₄ 形成最优路径 2-4 中 CH₂ 的逐步热解是表面 C 形成的主要来源，但表面 C 生成的总能垒 2.06eV 远高于该路径中 CH₄ 形成的总能垒 0.90eV，由此可知，在 S-Ni/MoS₂(100) 表面上，相比 CH₄ 形成，C 的形成是不利的。热重分析表明耐硫 Ni/Mo 合金能抑制积炭[3]。

6.4.2　C 成核和 C 消除

考虑表面 C 的消除和聚集，书后彩图 40 分别给出了 MoS₂(100) 和 S-Ni/MoS₂(100) 表面上 C 成核和 C 消除势能图及反应起始态、过渡态和末态结构。表 6-5 给出了 C 成核反应的活化能和热量。

在书后彩图 40 中，MoS₂(100) 和 S-Ni/MoS₂(100) 表面上，相比 C 聚集生成 C₂，表面 C 优先被氢化成 CH。由此可知，伴随 CH₄ 的生成，MoS₂(100) 表面上生成的大量的 C 会优先被氢化而消除，而 S-Ni/MoS₂(100) 表面上即使有极少量的 C 生成，也会被优先氢化而消除。因此，耐硫 MoS₂(100) 催化剂的 CO 甲烷化反应不会发生积炭，特别地，掺杂的 Ni 和吸附的 S 形成的 "Ni-Mo-S" 活性位增强其抑 C 能力。

6.5　Ni 掺杂和 S 吸附对 CO 甲烷化影响

以 MoS₂(100) 面的 Mo-edge 模拟实验中 CO 甲烷化反应的催化活性面，在此基础上构建 Ni 掺杂的 NiMoS₂(100) 表面模型；考虑

合成气中微量 H_2S 的存在，探究多个 H_2S 分子在 $NiMoS_2(100)$ 面上的逐步解离过程，获得 $NiMoS_2(100)$ 面上吸附 S 的可能占比；建立 Ni 掺杂和 S 吸附的 $MoS_2(100)$ 表面，比较客观地反映实验中 CO 甲烷化耐硫 Mo 基催化剂微观结构。NiMoS 活性相中 Ni 原子合适的活性位微环境，能有效促进 Ni-Mo 间 H 溢流，为 CO 的氢化提供足够 H 源。因此，研究 Ni 在 MoS_2 中的具体存在形式、Ni-Mo 活性位的微环境以及 Ni-Mo 协同催化 CH_4 的形成机理，明确结构与活性间相关性。

拟定 CO 甲烷化在耐硫 $MoS_2(100)$ 表面上的可能反应路径，计算每步基元反应的活化能垒和反应能，获得 $MoS_2(100)$ 表面上 CO 甲烷化相关产物 CH_4、H_2O、CH_3OH 和 C 生成的总能垒，基于此，研究 S-$NiMoS_2(100)$ 表面上的 CO 甲烷化机理。通过比较 MoS_2 (100) 和 S-Ni/MoS_2(100) 表面上各反应物种的吸附能及各产物分子生成的总能垒，直观地展现掺杂的 Ni 和吸附的 S 对 CO 甲烷化活性和 CH_4 生成选择性的影响；明确 Ni 与合成气中微量 H_2S 对活性 Mo 微观结构的影响，阐明催化剂微观结构的变化及其对催化剂催化性能和稳定性的影响。为制备结构稳定、耐 S 的 NiMo 催化剂提供基本的理论线索。得到以下结论：

① 因层与层间的范德华力较弱，两片层之间作用力可忽略。以 CO 分子的吸附能、CO 解离的活化能以及 C—O 键长的变化为评价指标，在 $MoS_2(100)$ 表面的 Mo-端、$MoS_2(100)$ 表面的 S-端、仅 Mo-端和仅 S-端片层表面上，研究反应物 CO 的吸附和解离。结果表明，CO 在 4 个表面上的吸附能顺序为：仅 S-端片层≪$MoS_2(100)$ 表面的 S-端＜$MoS_2(100)$ 表面的 Mo-端≈仅 Mo-端片层，由此可知，S-端因对 CO 的弱吸附而不具有甲烷化活性，CO 甲烷化反应主要发生在 Mo-端；且 S-端的存在，对 CO 分子在 Mo-端的吸附能几乎没有影响。

② 在 $MoS_2(100)$ 表面的 Mo-端和仅 Mo-端片层表面上，CO 解离具有相似的过渡态结构和相近的活化能；且 C—O 断键过程中，两个表面上的起始态、过渡态和末态结构的 C—O 键长也近乎相等。由此可知，S-端的存在，对 Mo-端的 CO 解离活性几乎没有影响。因

此，为了减少计算量，简化模型，在 $MoS_2(100)$ 周期性模型中，将暴露的 S-端片层移去，仅以暴露的 Mo-端片层为 $MoS_2(100)$ 表面模型。

③ 基于形成能，Ni 替换 $MoS_2(100)$ 表面上的 Mo_2 所形成的表面 $Ni/MoS_2(100)$ 更稳定。富电子的 Ni 作为亲核试剂能提供电子，与 Ni 邻近的低配位 Mo 作为亲电试剂容纳电子，Ni-Mo-S 酸碱活性中心具有较高的催化活性。

④ 由于合成气中存在微量的 H_2S 气体，为了明确 Ni/Mo 催化活性位的微观结构与化学环境的关系，研究 H_2S 在 $Ni/MoS_2(100)$ 表面上的吸附和解离。结果表明，H_2S 解离的相关物种 H_2S、HS 和 S 不是吸附在 Ni 原子上，而是优先吸附在 Mo 原子上。且随着 $Ni/MoS_2(100)$ 表面上吸附 S 的增加，H_2S、HS 和 S 的吸附能逐渐减小，S 与 Mo 的键合作用逐渐减弱；特别地，在吸附 2 个 S 的 $S-Ni/MoS_2(100)$ 表面上，H_2S 的吸附能变为正值。表明 $Ni/MoS_2(100)$ 表面上第 3 个 H_2S 的吸附困难。

⑤ 随着 $Ni/MoS_2(100)$ 表面上吸附 S 的增加，第 1 个和第 2 个 H_2S 的解离为低能垒强放热，而第 3 个 H_2S 的解离为高能垒强吸热反应；这样，第 3 个 H_2S 的解离在动力学和热力学上都是不利的。由此可知，CO 甲烷化过程中，不会出现 3 个 S 吸附的 $Ni/MoS_2(100)$ 表面。H_2S 解离生成的 2 个 S 都优先吸附在 Mo 原子上，且吸附 S 的 Mo 不会中毒；而吸附 S 的 Ni 会中毒，这就保护了 Ni。因此，微量 H_2S 气体存在下，以吸附 2 个 S 的 $Ni/MoS_2(100)$ 表面模拟 CO 甲烷化 Ni/Mo 催化剂的微观模型 $S-Ni/MoS_2(100)$。

⑥ 由于 Ni 掺杂和 S 吸附形成新的 Ni-Mo-S 活性位，各物种在 $MoS_2(100)$ 和 $S-Ni/MoS_2(100)$ 面上的吸附构型相似，但吸附位和连接方式明显不同，且由此而引起的吸附能差别甚大。Ni 掺杂和 S 吸附使得各吸附物种与 $S-Ni/MoS_2(100)$ 面的电荷转移量明显减少，导致各物种在 $S-Ni/MoS_2(100)$ 面上的吸附能明显弱于在 $MoS_2(100)$ 面上的吸附能。

⑦ $MoS_2(100)$ 表面上 CH_4 形成最优路径 1-2、路径 1-5 和路径 1-7 对应的总能垒分别为 1.06eV、1.02eV 和 1.02eV，相应的反应热

分别为－0.16eV、－0.43eV 和－0.04eV。在 MoS_2(100) 表面上，相比副产物 CH_3OH 生成路径 $CO \rightarrow HCO \rightarrow CH_2O \rightarrow CH_3O \rightarrow CH_3OH$ 的总能垒 2.81eV 和反应热 2.72eV，产物 CH_4 的形成是有利的。然而，CO 甲烷化过程中 CH_4 的生成必须有 H_2O 的生成，由于 CH_xO 解离产生大量的 O 自由基，其逐步氢化生成 H_2O 的反应却都是高能垒强吸热过程，并由此导致 CH_4 形成最优路径中 H_2O 生成的总能垒分别高达 3.18eV、2.80eV 和 3.31eV，由此可知，MoS_2(100) 表面的 CO 甲烷化活性较低，但 CH_4 生成的选择性高。

⑧ S-Ni/MoS_2(100) 表面上 CH_4 形成有两个来源：一是经合成气直接甲烷化所得 CH_4 最优路径 2-4、路径 2-6 和路径 2-7，对应的总能垒分别为 0.90eV、0.99eV 和 0.99eV，相应的反应热分别为－2.86eV、－2.56eV 和－2.03eV；二是合成气甲烷化过程中经副产物 CH_3OH 解离所致的 CH_4 路径 2-4′、路径 2-6′和路径 2-7′，相应的总能垒分别与路径 2-4、路径 2-6 和路径 2-7 一致，相应的反应热分别为－2.73eV、－2.43eV 和－2.84eV。这样，尽管 S-Ni/MoS_2(100) 表面上有副产物 CH_3OH 生成，但吸附于 S-Ni/MoS_2(100) 表面上的 CH_3OH 能解离形成 CH_4。同时，基于总能垒，相比 MoS_2(100) 表面，S-Ni/MoS_2(100) 表面上的 CH_4 生成在热力学和动力学上都是有利的。因此，S-Ni/MoS_2(100) 表面上 Ni-Mo-S 活性位能够实现 CH_4 的高活性高选择性生成。

⑨ 基于总能垒，MoS_2(100) 表面上，CH_4 形成最优路径 1-2、路径 1-5 和路径 1-7 中 CH、CH_2 和 CH_3 的逐步热解是表面 C 形成的主要来源，且表面 C 与 CH_4 生成的总能垒相同；MoS_2(100) 表面上 C 与 CH_4 的形成是竞争的。S-Ni/MoS_2(100) 表面上，CH_4 形成最优路径 2-4 中 CH_2 的逐步热解是表面 C 形成的主要来源，但表面 C 生成的总能垒 2.06eV 远高于该路径中 CH_4 形成的总能垒 0.90eV；相比 CH_4 形成，C 的形成是不利的。同时，MoS_2(100) 和 S-Ni/MoS_2(100) 表面上，相比 C 聚集生成 C_2，表面 C 都优先被氢化成 CH。因此，耐硫 MoS_2(100) 催化剂的 CO 甲烷化反应不会发生积炭，特别地，Ni 掺杂和 S 吸附形成的 Ni-Mo-S 活性位增强其抑 C 能力。

参考文献

[1] Lauritsen J V, Kibsgaard J, Olesen G H, Moses P G, Hinnemann B, Helveg S, Nørskov J K, Clausen B S, Topsøe H, Lægsgaard E, Besenbacher F. Location and coordination of promoter atoms in Co- and Ni-promoted MoS₂-based hydrotreating catalysts [J]. J. Catal., 2007, 249 (2): 220-233.

[2] Huang M, Cho K. Density functional theory study of CO hydrogenation on a MoS₂ surface [J]. J. Phys. Chem. C, 2009, 113 (13): 5238-5243.

[3] Zeng T, Wen X D, Wu G S, Li Y W, Jiao H J. Density functional theory study of CO adsorption on molybdenum sulfide [J]. J. Phys. Chem. B, 2005, 109 (7): 2846-2854.

[4] Bollinger M V, Lauritsen J V, Jacobsen K W, Nørskov J K, Helveg S, Besenbacher F. One-dimensional metallic edge states in MoS₂ [J]. Phys. Rev. Lett, 2001, 87 (19): 196803-1-4.

[5] Lauritsen J V, Bollinger M V, Lægsgaard E, Jacobsen KW, Nørskov J K, Clausen B S, Topsøe H, Besenbacher F. Atomic-scale insight into structure and morphology changes of MoS₂ nanoclusters in hydrotreating catalysts [J]. J. Catal., 2004, 221 (2): 510-522.

[6] Krebs E, Silvi B, Raybaud P. Mixed sites and promoter segregation: a DFT study of the manifestation of Le Chatelier's principle for the Co(Ni)MoS active phase in reaction conditions [J]. Catal. Today, 2008, 130 (1): 160-169.

[7] Raybaud P, Hafner J, Kresse G, Kasztelan S, Toulhoat H. Structure, energetics, and electronic properties of the surface of a promoted MoS₂ catalyst: an ab initio local density functional study [J]. J. Catal., 2000, 190 (1): 128-143.

[8] Prodhomme P Y, Raybaud P, Toulhoat H. Free-energy profiles along reduction pathways of MoS₂ M-edge and S-edge by dihydrogen: a first-principles study [J]. J. Catal., 2011, 280 (2): 178-195.

[9] Sun M Y, Nelson A E, Adjaye J. On the incorporation of nickel and cobalt into MoS₂-edge structures [J]. J. Catal., 2004, 226 (1): 32-40.

[10] Travert A, Nakamura H, Santen R A V, Cristol S, Paul J F, Payen E. Hydrogen activation on Mo-based sulfide catalysts, a periodic DFT study [J]. J. Am. Chem. Soc., 2002, 124 (24): 7084-7095.

[11] Chen Y Y, Dong M, Wang J G, Jiao H J. On the role of a cobalt promoter in a water-gas-shift reaction on Co-MoS₂ [J]. J. Phys. Chem. C, 2010, 114 (39): 16669-16676.

[12] Gutierrez O Y, Singh S, Schachtl E, Kim J, Kondratieva E, Hein J, Lercher J A. Effects of the support on the performance and promotion of (Ni) MoS₂ catalysts for simultaneous hydrodenitrogenation and hydrodesulfurization [J]. ACS Catal., 2014, 4(5): 1487-1499.

[13] Zhang J Y, Xin Z, Meng X, Lv Y H, Tao M. Effect of MoO₃ on structures and properties of Ni-SiO₂ methanation catalysts prepared by the hydrothermal synthesis method [J]. Ind. Eng. Chem. Res., 2013, 52 (41): 14533-14544.

［14］ Wang M W，Luo L T，Li F Y，Wang J J. Effect of La_2O_3 on methanation of CO and CO_2 over Ni-Mo/γ-Al_2O_3 catalyst ［J］. J. rare earth. ，2000，18（1）：22-26.

［15］ Zhang J Y，Xin Z，Meng X，Lv Y H，Tao M. Effect of MoO_3 on the heat resistant performances of nickel based MCM-41 methanation catalysts ［J］. Fuel，2014，116：25-33.

［16］ Liu J，Wang E D，Lv J，Li Z H，Wang B W，Ma X B，Qin S D，Sun Q. Investigation of sulfur-resistant，highly active unsupported MoS_2 catalysts for synthetic natural gas production from CO methanation ［J］. Fuel Process. Technol. ，2013，110（6）：249-257.

第 7 章 ▶▶
Ni 基催化剂催化 CO 甲烷化
性能及趋势分析

7.1 Ni 基催化 CO 甲烷化性能

本书构建了助剂 La、Zr 及载体 ZrO_2、Al_2O_3 和 MoS_2 改性的 Ni 催化剂模型，较准确地反映了 Ni 催化剂的"Ni 缺陷 B5 活性位"以及"La-Ni""Zr-Ni"和"Ni-Mo-S"活性位微环境；通过比较不同 Ni 催化剂模型上各反应物种的吸附及产物 CH_4、CH_3OH 和表面 C 的生成，直观地展现了不同 Ni 活性位微观结构对 CO 甲烷化活性和 CH_4 选择性的影响。书中研究了 Ni 基活性位微观结构与 CO 甲烷化反应和催化剂失活微观机理的相关性；明确了 Ni 活性位微观结构中助剂 Zr 的具体存在形式和作用，为描述 Ni 基催化剂微粒的尺寸、组成及晶面等影响因素提供理论指导。

研究内容和结论如下所述。

（1）H_2 分子在 Ni 基催化剂上的吸附与解离

在 CO 甲烷化反应中，无论 CO 是直接解离，还是 H 助解离，发生 C—O 断键之后生成的 C 或 CH_x 都需加氢生成 CH_4；因此，保证足够的 H 源是促进 C 或 CH_x 氢化、抑制 C 聚合成核的首要条件。在 Ni(111)、La@Ni(111)、Ni(211)、ZrNi(211)、Ni_4-ZrO_2(111)、Ni_{13}-ZrO_2(111)、$ZrNi_3$-Al_2O_3(110) 面上，H_2 吸附能均较小，弱吸附的 H_2 分子不仅在 Ni 催化剂表面的不同吸附位间溢流，还可在 Ni 原子与助剂 La 和 Zr 原子间溢流。由表 7-1 可知，H_2 解离过程都是低能垒强放热的。

表 7-1　Ni 催化剂表面上 H_2 解离的活化能 E_a、反应热
ΔE 和过渡态唯一虚频 (v) 以及 H_2 和 H 的吸附能 E_{ads}

表面	H₂		H₂ → H+H			H
	吸附位	E_{ads}/eV	E_a/eV	ΔE/eV	v/cm⁻¹	E_{ads}/eV
Ni(111)	top	−0.02	0.13	−1.05	268i	−2.78
	bridge	−0.02	0.33	0.77	463i	
La@Ni(111)	Ni-top	−0.01	0.51	−0.97	570i	−2.80
Ni(211)	Se-top	−0.18	—	−1.13	—	−2.68
	Se-bridge	−0.18	0.14	−0.83	375i	
ZrNi(211)	Se-top-Zr	−0.28	0.32	−1.03	467i	−2.74
Ni₄-ZrO₂(111)	Ni-top	−0.32	0.27	−0.56	779i	−2.70
Ni₁₃-ZrO₂(111)	Ni-top	−0.53	—	−0.88	—	−3.02
ZrNi₃-Al₂O₃(110)	Ni-top	−0.31	0.07	−1.03	619i	−2.79
MoS₂(100)	Mo-top	−0.89	—	−0.72	—	−3.03
S-Ni/MoS₂(100)	Ni-top	0.02	0.75	−0.32	242i	−1.81

注："—"表示该反应自发进行。

H_2 在 Ni 原子、助剂或载体中 La 和 Zr 原子上的解离过程都是容易进行的。相比 H_2 的吸附，解离生成的 H 原子在 Ni 催化剂表面上的吸附能都较大，且在不同吸附位上的吸附能相近，H_2 主要以解离吸附形式存在，H_2 分子在"邻近 Ni 原子"以及"La-Ni"和"Zr-Ni"活性位间的溢流为 CO 甲烷化反应提供充足的 H 源。

（2）Ni 晶面对 CO 甲烷化活性、CH_4 选择性和 Ni 催化剂稳定性的影响

在 Ni 晶粒中暴露最多的 Ni(111) 面上，CH_4 与表面 C 形成的关键中间体是 CH。相比 CH 解离为 C，CH 更易氢化为 CH_2，因此 CH_4 形成优先于 C 形成；经 C—O 键和 C—H 键断裂所致的 C 形成都是不容易的，CO 和 CH 氢化所生成的 HCO 和 CH_2 最终将促进 CH_4 产品的生成，不容易发生的 C—O 和 C—H 断键反应最终将抑制表面 C 的生成。尽管 Ni(111) 表面不容易发生积炭，却存在着 CH_4 选择性低的问题：CH_4 的形成与 CH_3OH 是竞争的。

在 Ni 晶粒中代表最普遍缺陷的 Ni(211) 面上，存在"Ni 缺陷 B5 活性位"，DFT 计算结果表明在该活性位上 CH_4 生成优先于

CH_3OH；并在实验条件（$P_{CO} = 0.25atm$、$P_{H_2} = 0.75atm$ 和 $T = 500 \sim 750K$）下以 Microkinetic Modeling 计算了 CH_4 和 CH_3OH 的生成速率，结果表明，同一温度下，CH_4 生成速率 r_{CH_4} 大于 CH_3OH 的生成速率 r_{CH_3OH}，相对选择性 S_{CH_4} 随着温度升高而增大，而 S_{CH_3OH} 随着温度升高明显降低。因此，DFT 计算和微观动力学均表明，Ni 晶粒中占比较小、配位不饱和的阶梯 Ni(211) 面能够实现 CH_4 的高选择性生成。然而，Ni(211) 面上"Ni 缺陷 B5 位"既是 CH_4 生成的活性位；也是表面 C 形成的位置，Ni(211) 表面容易发生积炭。

通过添加助剂和调变载体来改性"Ni 缺陷 B5 活性位"的微观环境，以此调控该活性位的催化性能，确保阶梯 Ni(211) 面"Ni 缺陷 B5 活性位"高选择性生成 CH_4 的前提下，提高其 CO 甲烷化的催化活性以及抗积炭和抗 S 中毒的能力，从而增加 Ni 催化剂的稳定性。

（3）La 掺杂提高 Ni(111) 面上 CH_4 生成活性和选择性及导致积炭的原因

LaNi(111) 表面降低了 CH_4 形成的总能垒，并增加了 CH_3OH 形成的总能垒，提高了 CO 甲烷化的活性和 CH_4 的选择性。在 LaNi(111) 表面，掺杂富电子的 La 助剂，La 的 5d 电子增大了 Ni 的 3d 电子云密度，CO 和 C+O 中 C_{2p} 和 O_{2p} 分别与 Ni_{3d} 和 La_{5d} 轨道重叠部分变大，C—Ni 和 O—La 键增强，C—O 键减弱。活化的 C—O 键一方面会降低 CH_4 形成最优路径的总能垒，提高 CH_4 生成的活性；另一方面会降低 CO 歧化和 CO 直接解离的活化能垒，导致 C 的生成。同时，在 CO 甲烷化过程中，伴随着 CH_4 的生成，LaNi(111) 表面会羟基化，大量 OH 的存在不利于 CO 甲烷化反应的进行。尽管助剂 La 能提高 CO 甲烷化活性和 CH_4 选择性，但大量 C 的生成以及表面 OH 的存在会降低 Ni 催化剂的稳定性并影响反应的进行。La 掺杂提高了 Ni(111) 面上 CH_4 生成活性和选择性却导致了积炭容易生，结果如图 7-1 所示。

（4）助剂 Zr 掺杂对 Ni 催化剂催化 CO 甲烷化活性、选择性和稳定性的影响

ZrNi(211) 面"Ni 缺陷 B5 活性位"上 Zr 对 Ni 的协同作用，一方面体现在 Zr 对 Ni 有电荷转移，掺杂于"Ni 缺陷 B5 活性位"的 Zr

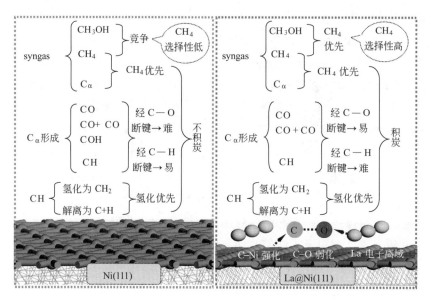

图 7-1 La 掺杂促进 Ni(111) 生成 CH$_4$ 活性和选择性的提高以及导致积炭示意

原子通过向邻近的 Ni 提供电子而丰富表面 Ni 原子的 d 电子密度，改善 Ni 原子的缺电子状态，增加阶梯 Ni 原子的反应性；另一方面体现在 Zr 与含氧物种 O 原子的强相互作用，强 O—Zr 键的形成，促进 C—O 键的断裂，提高 CO 甲烷化的活性。随着 C 和 O 上 H 原子数增加，即饱和度增大，C—O 键活化程度增大，C$_{2p}$ 与 O$_{2p}$ 轨道间的杂化程度减弱，CH$_2$OH 的 C—O 断键活化能降低；直至 CH$_3$OH 的 C$_{2p}$ 与 O$_{2p}$ 轨道间几乎无重叠，C—O 键自发解离，ZrNi(211) 面上无 CH$_3$OH 生成，"Ni-Zr" 活性位高选择性生成 CH$_4$。Zr 掺杂提高了 Ni(211) 面上 CH$_4$ 生成活性和选择性并且不积炭。

（5）Zr 的 3 种存在形式和作用方式

分析了在 Ni$_4$-ZrO$_2$（111）、Ni$_{13}$-ZrO$_2$（111） 和 ZrNi$_3$-Al$_2$O$_3$（110）中 3 种形式的 Zr 以及所起的作用。

1）支撑作用 Ni$_{13}$-ZrO$_2$（111） 载体中晶格 Zr。Zr 原子的外层电子与晶格 O 原子处于较稳定的成键状态，在 Ni 催化的 C—O 断键、C—H 和 O—H 成键等还原过程中，Zr 未向缺电子的 Ni 提供电子。这种情况下，存在于载体 ZrO$_2$(111) 的晶格 Zr，既不改变反应路径，也不促进反应。这是载体 ZrO$_2$(111) 中晶格 Zr 原子不能提高 Ni$_{13}$ 簇上 CO 甲烷化活性的根本原因，也是助剂 Zr 以载体形式存在

且无 "界面作用" 和 "协同作用" 的微观解释。

2）界面作用　Ni_4-ZrO_2（111）中界面 Zr。Zr 原子与 O、OH、CH_2O 和 CH_3O 的 O 原子成键，Zr 与含 O 物种适中的界面作用，稳定了 CH_2O；结果是，既改变了反应路径，又提高了 CH_4 选择性，但不能降低 CH_4 形成的总能垒。这是金属 Ni 与载体 ZrO_2（111）界面处 Zr 原子具有 "界面作用" 的微观解释。

3）协同作用　$ZrNi_3$-Al_2O_3（110）中助剂 Zr。Zr 原子外层 d 电子离域，助剂 Zr 向 Ni 转移电子，掺杂的 Zr 原子通过向邻近的 Ni 提供电子而丰富表面 Ni 原子的 d 带电子密度，增强 Ni 的还原性，活化 C—O 键，提高 CO 甲烷化的活性和 CH_4 选择性，促进 CH_4 生成。

综上，三种 Zr 反应性顺序为 "晶格 Zr＜界面 Zr＜助剂 Zr"，即 "Ni_{13}-ZrO_2（111）载体中晶格 Zr＜Ni_4-ZrO_2（111）的界面 Zr＜$ZrNi_3$-Al_2O_3（110）的助剂 Zr"。

（6）助剂 Zr 和载体 Al_2O_3 对 Ni 微粒的 "限域效应"

Ni_4-Al_2O_3（110）表面中 Ni_4 簇与载体 Al_2O_3（110）表面的相互作用是 -1.95eV，Zr 掺杂的 $ZrNi_3$-Al_2O_3（110）表面中 $ZrNi_3$ 簇与载体 Al_2O_3（110）表面的相互作用是 -3.89eV，载体 Al_2O_3 对 Ni_4 和 $ZrNi_3$ 簇间较强的相互作用在空间和位置上限制了 Ni_4 和 $ZrNi_3$ 簇；同时，Zr 的掺杂，增大了簇与载体表面的相互作用，表明助剂 Zr 增强了载体 Al_2O_3 对 $ZrNi_3$ 簇的锚固作用。

（7）不同结构 Ni 催化剂的 CH_4 生成活性和选择性

基于 CH_4 与 CH_3OH 形成最优路径的总能垒，Ni（111）、Ni（211）、Ni_4-ZrO_2（111）和 Ni_{13}-ZrO_2（111）面上 CH_4 生成的总能垒相近，表明单一活性金属 Ni 催化剂的不同形貌对 CH_4 生成的总能垒影响很小，不能改变 CO 甲烷化反应的活性。比较并得出 CH_4 生成的选择性顺序为 Ni（111）＜Ni（211）＜Ni_4-ZrO_2（111）＜Ni_{13}-ZrO_2（111），富有边、角、棱及褶皱的 Ni 催化剂对 CH_4 选择性有明显的提高，CO 甲烷化是结构敏感反应。

（8）"Ni-Mo-S" 结构的催化性能

简化并验证了洁净 MoS_2（100）面仅 Mo-edge 片层催化 CO 甲烷化反应的合理性和可行性，建立了合成气中微量 H_2S 存在下的 "Ni-Mo-S" 活性位微观结构模型。第 1 个 H_2S 和第 2 个 H_2S 在 MoS_2

（100）面 Mo-edge 的解离都是低能垒强放热反应，而第 3 个 H_2S 的解离变为高能垒强吸热反应，Ni 掺杂促进 H_2S 解离的同时抑制 S 在其相邻 Mo 上的吸附，保证 S 空位的存在，为反应中间体的吸附提供空间，形成 Ni-Mo-S 活性位微环境；富电子的 Ni 作为亲核试剂能提供电子，吸附 S 的低配位 Mo 作为亲电试剂容纳电子，耐硫 Ni-Mo-S 酸碱活性中心协同催化提高反应活性。

在耐硫 MoS_2（100）和 S-Ni/MoS_2（100）表面上研究了 CH_4、CH_3OH、表面 C 和吸附 S 的形成机理。相比 C 聚集生成 C_2，表面 C 都优先被氢化成 CH，因此，耐硫 MoS_2（100）和 S-Ni/MoS_2（100）表面的 CO 甲烷化过程不容易积炭。MoS_2（100）表面上虽有较高的 CH_4 选择性，但 CO 甲烷化活性低；得益于"Ni-Mo-S"活性位对 CO 甲烷化的低能垒和副产物 CH_3OH 的解离，Ni 掺杂与 S 吸附的 S-Ni/MoS_2（100）上，能够实现 CH_4 的高活性、高选择性生成。

7.2 本书主要创新点

（1）提出并构建了 Al_2O_3 负载的 Zr-Ni 多功能活性位模型

Zr-Ni 多功能活性位模型同时体现了 3 种效应，如图 7-2 所示。

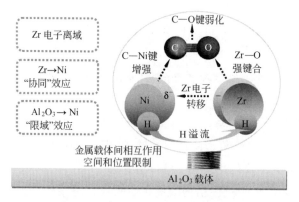

图 7-2 Zr-Ni "多功能" 活性位示意

① 限域效应——载体 Al_2O_3 对 Ni 微粒的锚固作用及助剂 Zr 在 Ni 微粒间的屏障作用限制了 Ni 微粒的生长，从而抑制了烧结的

发生；

② 电子离域效应——助剂 Zr 外层的 d 电子离域向邻近的 Ni 转移电荷，增加 Ni 的电子云密度 $Ni^0 \rightarrow Ni^{\delta-}$，弱化 Ni—C—O 复合物中的 C—O 键，使得 C—O 断键容易，促进 CH_4 生成；

③ 协同效应——Zr 与含氧物种 O 原子的强相互作用所致的 Zr—O 强键合，促进 C—O 键的断裂，提高 CO 甲烷化的活性。

（2）构建并验证了合成气中微量 H_2S 存在下的 Ni-Mo-S 活性位微观结构模型

Ni-Mo-S 活性位保护金属 Ni 被硫化的同时实现了 CO 甲烷化优先于硫化的催化性能（见图 7-3）：

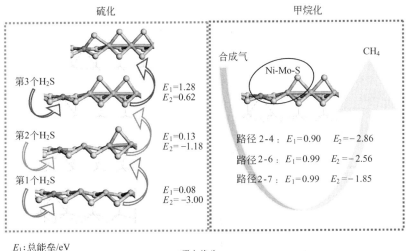

图 7-3　S-Ni/MoS_2（100）表面上的甲烷化与硫化

Ni 替换 MoS_2（100）面 Mo-edge 边缘 Mo 原子，由 2 个 H_2S 解离生成的 S 则仅吸附于离 Ni 较远的 Mo 原子上，这样，"富电子 Ni、低配位 Mo 和 S 空位"形成 Ni-Mo-S 酸碱活性中心微环境。亲核试剂 Ni 与亲电试剂 Mo 协同催化 CO 甲烷化，结果表明，CH_4 形成优先于第 3 个 H_2S 解离，耐硫 S-Ni/MoS_2（100）表面 CO 甲烷化优先于硫化发生，解释了 S-Ni/MoS_2（100）模型的抗 S 中毒性能，也验证了 Ni-Mo-S 活性位微观结构模型的合理性。

7.3 不足与建议

本书采用量子化学计算方法，研究了"Ni 缺陷 B5 活性位"、"Zr-Ni 多功能活性位"及"Ni-Mo-S 活性位"上 CO 甲烷化反应机理，对 Ni 催化剂的设计和改性提供理论线索。本书从广度和深度上还有必要开展进一步的研究，对后续工作的建议如下。

（1）基础数据不够全面

Ni 晶面很多，本书仅选取了实验条件下暴露最多的 Ni(111) 面和具有最普通缺陷位的阶梯 Ni(211) 面，未能全面反映金属 Ni 不同晶面的 CO 甲烷化性能；事实上，粒径 5nm 的活性 Ni 微粒应为上百个 Ni 原子组成，本书只是代表性的以最小三维结构 Ni_4 簇和最稳定的 Ni_{13} 簇模拟不同尺度、富有边角棱的缺陷 Ni 微粒；这样，存在簇模型偏小且不连续、与 Ni 微粒实际形貌差距较大的问题。今后工作中，可采用与实验相近的 Ni_n 簇为模型，以分子动力学模拟反应，考虑温度、压力、水蒸气对反应的影响，为改善甲烷化工艺提供理论指导。

（2）催化剂表面模型不够真实

本书计算所选取的模型为周期性的超胞，没有考虑反应物种在各模型表面的覆盖度，不能反映真实的反应情况，所得结果仅能定性地描述催化剂形貌和成分与催化活性、选择性和催化剂稳定性，而不能定量地建立催化剂用量与原料气的转化率、产物的产率和催化剂的寿命的一一对应关系。建议今后工作中，将物种的覆盖度纳入研究范围之内，以便更接近实际反应情况。

（3）助剂的种类不够充分

具有多价态的助剂 Ce、V、Mn 和 Cr 掺杂的 Ni 催化剂，可在载体表面产生氧空缺，促进 CO_2 的解离和表面 C 的消除，增加催化剂的稳定性。同时，助剂 Ce、V、Mn 和 Cr 对 C—O 键的活化能提高 CO 甲烷化的活性和 CH_4 的选择性。建议在后续工作中研究 Ce、V、Mn 和 Cr 协同 Ni 催化的反应机理，为改性 Ni 催化剂提供理论指导。

（4）其他负载形式未能考虑

其他载体也具有良好的改性作用，例如不添加任何载体和助剂、以石墨碳包裹的 Ni 微粒 Ni@G，能阻止高温下 Ni 微粒的烧结、积炭和氧化，从而提高催化剂的稳定性。在 CO 甲烷化反应中，Ni 核与石墨壳层间的电荷转移，促进 CO 和 H_2 在催化剂表面的吸附与反应，具有较高的 CO 转化率和 CH_4 选择性。特别是，N 在 Ni@G-N 石墨壳层中的掺杂，减小石墨壳层半径，降低 Ni 与石墨层间的电阻，清除不必要的化学基团，增加电荷转移率，提高催化活性。建议在后续工作中考察 Ni@G 和 Ni@G-N 的 CO 甲烷化机理，为改性 Ni 催化剂提供理论指导。

7.4 合成气甲烷化趋势分析

C 沉积和 Ni 烧结减小了 Ni 表面，降低了 H_2 的吸附容量；同时，较小的表面积和较低的 Ni 分散度对高温反应的传质也是不利的，这将引起严重的 Ni 烧结和进一步的 C 沉积。抗 C 沉积和抗 Ni 烧结性能的同时下降将导致催化剂的失活。提高催化剂抗 C 沉积和抗 Ni 烧结能力是 CO 甲烷化生产代用天然气面临的一个严峻挑战，改性和优化 Ni 催化剂、开发新的活性催化剂以及优化合成工艺是解决这个问题的有效措施。目前乃至将来理论和实验研究侧重于甲烷化催化剂、载体、活性组分、助剂以及催化剂的失活机理，这些都将为优化 CO 甲烷化技术起到积极作用。

7.4.1 其他活性金属催化剂的开发

为了避免高温下表面 C 的大量生成，Ni 基催化剂必须尽可能在低温下反应以避免因积炭而引起的催化剂中毒失活；但低温会导致反应速率下降和时空产率降低。由于贵金属氧化物在较低的温度就能够被还原成金属态，氢气首先还原贵金属氧化物，然后还原态的贵金属把活化的氢溢流到氧化态镍物种的表面，促进体相 NiO 在较低温度下还原活化，同时增加 H_2 的吸附容量，使产生的 CH_x 快速氢化，促进 CO 甲烷化[1]。

未负载金属的甲烷化活性顺序：Ru＞Ir＞Rh＞Ni＞Co＞Os＞Pt＞Fe＞Mo＞Pd＞Ag；负载型金属的甲烷化活性顺序：Ru＞Fe＞Ni＞Co＞Rh＞Pd＞Pt＞Ir，CH_4 选择性顺序：Pd＞Pt＞Ir＞Ni＞Rh＞Co＞Fe＞Ru；依对甲烷化的重要程度，按金属活性排序：Ru＞Fe＞Ni＞Co＞Mo，CH_4 选择性排序：Ni＞Co＞Fe＞Ru[2]。

Ru 是贵金属，具有低温活性，但是，选择性低；Ni 价格相对低廉，具有较高的选择性和活性，是商用甲烷化催化剂；Co 与 Ni 活性相当，然而，价格较高；Fe 活性虽高，选择性却很低，Mo 相对 Fe、Co、Ni、Mo 活性低，且 CH_4 选择性低，而对 C_2 碳氢化物的选择性高，但是，Mo 的耐硫性是其应用于甲烷化的重要因素[2]。

Ru/TiO_2 活性受 Ru 微粒结构影响见图 7-4，在催化反应初始，比表面积较大的 TiO_2 与分散其间扁平状 Ru 碎片产生较强的金属载体间相互作用，这在一定程度上限制了 Ru 碎片向活化阶段半球状 Ru 纳米微粒的生长，因此，Ru/TiO_2 失活的主要原因是 Ru 纳米微粒生长缓慢，而不是含 C 物种对活性位毒化所致，含 C 物种的生成和聚集主要发生在载体 TiO_2 上[3]。

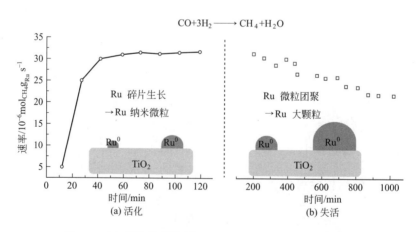

图 7-4 CO 甲烷化催化剂 Ru/TiO_2 活化及失活过程示意

事实上，活性组分与载体的匹配度是催化性能的重要因素。Al_2O_3、SiO_2、ZrO_2 和 TiO_2 是 Ni 基催化剂的常用载体。尽管载体无催化活性，但对活性有显著影响。负载于不同载体上的同一活性组分，其催化剂活性不同，因此调变载体特性也是改性甲烷化催化剂的重要措施。

7.4.2 载体调变

含 15％柠檬酸（CA）的 SBA-16 介孔分子筛能提高 Ni 微粒的分散度，Ni 微粒尺寸与数量对应关系示意如图 7-5 所示。分子筛 SBA-16-15％CA 将细化至 3～5nm 的 Ni 晶粒锚固在 6～7nm 的分子筛硅孔径中，这种限域效应使得 CO 甲烷化在 350℃、0.1MPa 和 15000mL/(g·h) 的条件下，达到 100％的 CO 转化率和 99.9％的 CH$_4$ 选择性[4]。

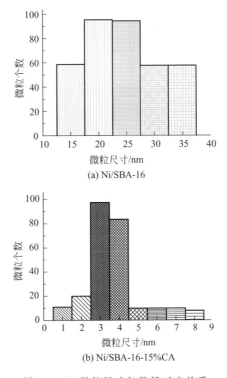

图 7-5　Ni 微粒尺寸与数量对应关系

7.4.3 助剂调变

CO 甲烷化的活性与催化剂表面活性位金属 Ni 浓度呈正比，贵金属 Ru、Rh[5]、Ce[6]等助剂和载体的添加可以影响 Ni 物种的结构、分散度、还原度以及 CO 甲烷化的反应速率和产物分布。利用助剂对活性金属 Ni 的协同效应提高金属 Ni 的分散度和还原度，增强其催化 CO 甲烷化的能力。

（1）结构助剂调变

有序介孔 Ni-Cr-Al 框架结构催化剂催化 CO 甲烷化和 C 形成反应示意于图 7-6 中，Cr 仅与 Ni 成键，不与 Al 键合；金属 Cr 黏附于 Ni 微粒周围，限制 Ni 在反应过程中的迁移，维持 Ni 的高分散度，避免 Ni 的烧结，保证 Ni 的高催化活性，Cr 是结构助剂。有序介孔 Al_2O_3 框架结构和助剂 Cr 对 Ni 微粒的固定作用，提高了 Ni 的稳定性。同时，有序介孔 Al_2O_3 能增大 CO 和 H_2 的吸附容量，使得高度分布于框架通道中的 Ni 微粒与反应物分子充分接触，加快 CO 的转化[7]。

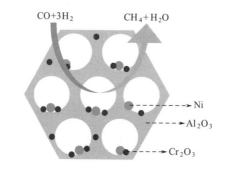

(a) 有序介孔 Ni-Cr-Al

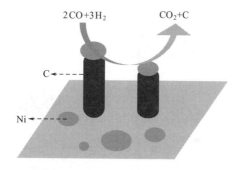

(b) 非有序介孔 Ni-Al$_2$O$_3$

图 7-6 催化剂催化 CO 甲烷化和 C 形成反应的示意

（2）电子助剂调变

相比 Ni 基硅分子筛 Ni-MS 催化剂，Ce/Zr 掺杂的 Ni-Ce/Zr-MS 具有适中的金属-载体间相互作用（见图 7-7），较大的 Ni 分散度，较强的抑制烧结性能和较高的催化活性，在 2.0MPa、30000mL/(g·h) 和 200℃的低温 CO 甲烷化下，CO 转化率和 CH_4 选择性高达 91.12%

和 84.40%[8]。

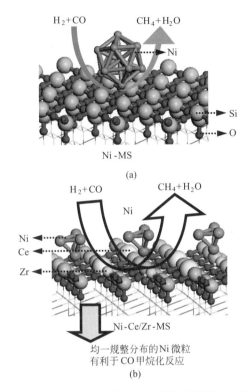

图 7-7　Ce/Zr 掺杂的 Ni 基硅分子筛 Ni-MS 催化剂催化 CO 甲烷化过程示意

　　适量 Ce 可以隔离表面 Ni 活性位，减弱 Ni 与载体间相互作用，增强 Ni 的还原性，提高 CH₄ 生成的活性和选择性，同时抑制积炭[9]。

7.4.4　耐硫 Mo 基催化剂调变

　　负载 25% MoO_3 的 MoO_3/ZrO_2 耐硫 CO 甲烷化催化剂，在 550℃、2.5MPa、100×10^{-6} H_2S 反应条件下，CO 甲烷化转化率高达 60%；助剂 Zr 的添加，能减小 MoO_3 的晶粒尺寸，在催化剂活化阶段，产生较多氧空位、减少 Lewis 位的同时增加活性位[10]。含 15% ZrO_2 的复合载体 ZrO_2-Al_2O_3 能增大耐硫 MoO_3 的分散度，提高 Mo-O 配位体中 Mo^{6+} 浓度，并降低 Mo 与载体 Al_2O_3 间相互作用[11]。

　　为了提高 MoS_2(010) 表面 Mo-edge 的 CO 甲烷化活性，在实验

196

Ni基催化剂催化CO甲烷化性能研究及优化

条件下，对 $MoS_2(010)$ 表面 Mo-edge 的 S 空位形成和 Co 替换进行热动力学研究，结果表明，Co-Mo-S 活性位具有较高的 CO 甲烷化活性[12]。对 Co-Mo-S 活性位分波态密度 pDOS 分析得知，Co 替换导致 Mo 的 d 电子离域，在费米能级之上，Mo 电子能量增大，Co-Mo-S 活性位活性增大。

对于固溶体组分 $Ce_{0.8}La_{0.2}O_{2-\delta}$ 掺杂的 Mo 基催化剂（见图 7-8），Ce^{3+} 浓度与表面 O 迁移紧密相关，在 $MoO_3/Ce_{0.8}La_{0.2}O_{2-\delta}$ 硫化过程中，Ce^{3+} 促进 O 空位的形成，La 促进 MoO_3 的还原，助剂 Ce/La 提高 MoS_2 的分散度，加速水煤汽转换反应，为 CO 甲烷化提供足够的氢源，从而改善耐硫 Mo 基催化剂的 CO 甲烷化性能[13]。

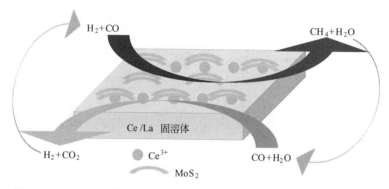

图 7-8　Ce/La 固溶体负载的耐硫 MoS_2 催化剂催化 CO 甲烷化过程示意

7.4.5　工艺优化

从化学平衡角度考虑，加压和降温有利于甲烷化，特别是反应热量的及时移除。动力学模拟流化床 CO 甲烷化实验，评估操作参数对 H_2 转化率和 CH_4 产率的影响，结果表明，CO 转化率和 CH_4 选择性随压力增大而增加，随原料气 H_2/CO 增大而增加，但随温度升高而降低。同时，由于水汽转换反应的发生，H_2O 的存在对 CO 转化率和 CH_4 产率也是有利的[14]。为了避免高温导致的积炭、烧结、催化剂失活，大规模的甲烷化反应采用流化床反应器，相对于固定床，流化床中催化剂较易移除、添加和循环。流化床传质、传热速率快，流化颗粒在近乎等温的操作条件下混合，不会因床层局部过热而造成催化剂烧结失活。

综上所述，确保 CO 甲烷化高活性和高选择性的前提下，增加催化剂的抗烧结和抗积炭能力，是煤和生物质体系下合成气甲烷化反应富有挑战性的课题，同时对煤和生物质能源清洁高效的利用具有重要的应用价值。新催化剂的开发、助剂及载体的添加对于调变 Ni 催化剂结构、降低积炭、缓减烧结以及增加 Ni 催化剂稳定性具有重要作用，是甲烷化催化剂性能优化的有效途径。

特别地，分析助剂及载体的掺杂在催化剂结构调变中的微观作用以及调变后催化剂结构的微观特征，在电子分子水平上阐明助剂及载体掺杂对 Ni-M 活性位结构和催化性能的影响，为 Ni-M 双金属催化剂的理性设计和筛选提供理论线索。

参考文献

[1] Liu J, Li C M, Wang F, He S, Chen H, Zhao Y F, Wei M, Evans D G, Duan X. Enhanced low-temperature activity of CO_2 methanation over highly-dispersed Ni/TiO_2 catalyst [J]. Catal. Sci. Technol., 2013, 3 (10): 2627-2633.

[2] Rönsch S, Schneider J, Matthischke S, Schlüter M, Götz M, Lefebvre J, Prabhakaran P, Bajohr S. Review on methanation-From fundamentals to current projects [J]. Fuel, 2016, 166: 276-296.

[3] Abdel-Mageed A M, Widmann D, Olesen S E, Chorkendorff I, Behm R J. Selective CO methanation on highly active Ru/TiO_2 catalysts: identifying the physical origin of the observed activation/ deactivation and loss in selectivity [J]. ACS Catal. 2018, 8: 5399-5414.

[4] Bian Z C, Xin Z, Meng X, Tao M, Lv Y H, Gu J. Effect of citric acid on the synthesis of CO methanation catalysts with high activity and excellent stability [J]. Ind. Eng. Chem. Res. 2017, 56: 2383-2392.

[5] Tada S, Kikuchi R. Mechanistic study and catalyst development for selective carbon monoxide methanation [J]. Catal. Sci. Technol., 2015, 5 (6): 3061-3070.

[6] Calles J A, Carrero A, Vizcaino A J, Lindo M. Effect of Ce and Zr addition to Ni/SiO_2 catalysts for hydrogen production through ethanol steam reforming [J]. Catalysts, 2015, 5 (1): 58-76.

[7] Liu Q, Zhong Z Y, Gu F N, Wang X Y, Lu X P, Li H F, Xu G W, Su F B. CO methanation on ordered mesoporous Ni-Cr-Al catalysts: effects of the catalyst structure and Cr promoter on the catalytic properties [J]. J. Catal., 2016, 337: 221-232.

[8] Liu C X, Zhou J Y, Ma H F, Qian W X, Zhang H T, Ying W Y. Antisintering and high-activity Ni catalyst supported on mesoporous silica incorporated by Ce/Zr for CO methanation [J]. Ind. Eng. Chem. Res. 2018, 57: 14406-14416.

[9] Wang H，Ye J L，Liu Y，Li Y D，Qin Y N. Steam reforming of ethanol over Co_3O_4/CeO_2 catalysts prepared by different methods [J]. Catal. Today，2007，129 (3-4)：305-312.

[10] Gu J，Xin Z，Tao M，Lv Y H，Gao W L，Si Q. Effect of reflux digestion time on MoO_3/ZrO_2 catalyst for sulfur-resistant CO methanation [J]. Fuel 2019，241：129-137.

[11] Li Z，Liu C，Zhang X，Wang W，Wang B，Ma X. Effect of ZrO_2 on catalyst structure and catalytic sulfur-resistant methanation performance of MoO_3/ZrO_2-Al_2O_3 catalysts [J]. kinet. catal.，2018，59 (4)：481-488.

[12] Zhang K，Wang W H，Wang B W，Ma X B，Li Z H. Promoted effect of cobalt on surface (010) of MoS_2 for CO methanation from a DFT study [J]. Appl. Surf. Sci.，2019，463：635-646.

[13] Cheng J M，Xu Y，Liu Z P，Li Z H，Wang B W，Zhao Y J，Ma X B. Mo-based catalyst supported on binary ceria-lanthanum solid solution for sulfur-resistant methanation：effect of La dopant [J]. Ind. Eng. Chem. Res. 2019，58 (5)：1803-1811.

[14] Sun L Y，Luo K，Fan J R. Numerical simulation of CO methanation for the production of synthetic natural gas in a fluidized bed reactor [J]. Energ. Fuel.，2017，31：10267-10273.

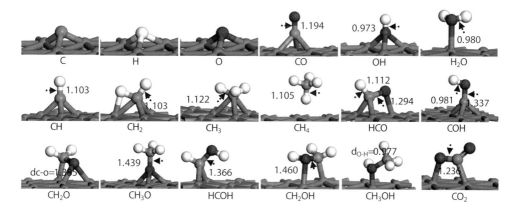

彩图 1　Ni(111) 表面上 CO 甲烷化反应中涉及的各物种的稳定吸附构型
（蓝色、灰色、红色及白色球分别代表 Ni、C、O 和 H 原子）

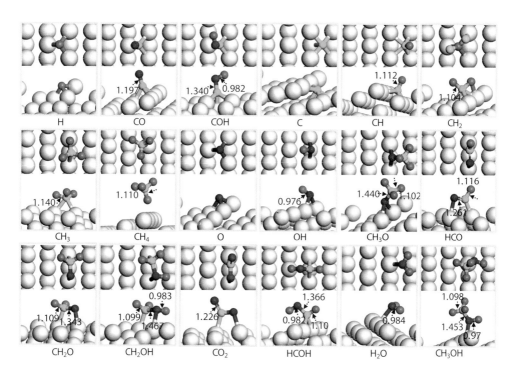

彩图 2　Ni(211) 表面上 CO 甲烷化反应中涉及的各物种的稳定吸附构型
（灰色、绿色、红色及紫色球分别代表 Ni、C、O 和 H 原子）

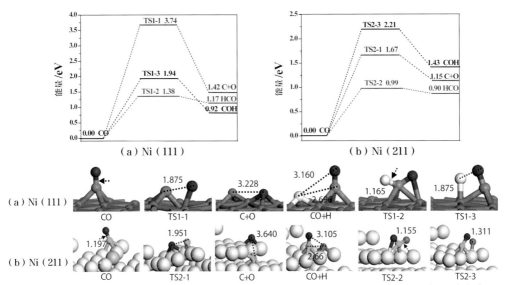

彩图3 Ni(111)和Ni(211)表面上CO活化反应的势能图以及反应的起始态、过渡态和末态结构

彩图4 Ni(111)表面上CO甲烷化过程所涉及的相关反应的起始态、过渡态和末态结构

彩图 5 Ni(211) 表面上 CO 甲烷化过程所涉及的相关反应的起始态、过渡态和末态结构

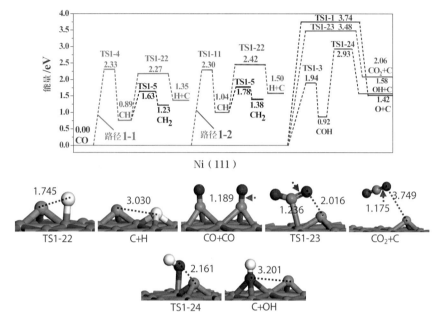

彩图 6 Ni(111) 表面上 C 形成反应的势能图及相关反应起始态、过渡态和末态结构

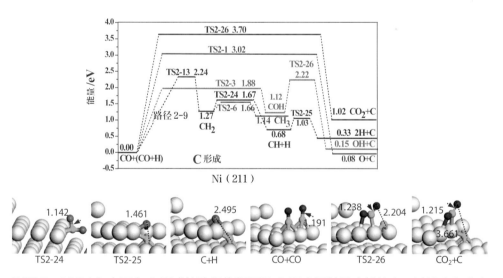

彩图 7 Ni(211) 表面上 C 形成的路径势能图及 C 形成相关反应起始态、过渡态和末态结构

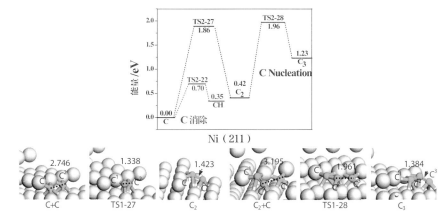

彩图 8　Ni(211) 表面上 C 成核和 C 消除势能图及反应起始态、过渡态和末态结构
（以 C^1、C^2 和 C^3 标记不同的 C 原子）

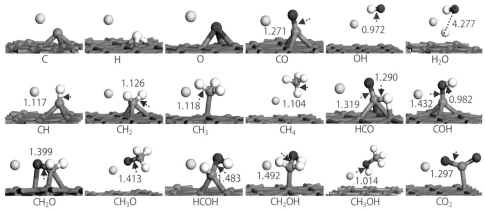

彩图 9　LaNi(111) 表面上 CO 甲烷化相关物种的最稳定吸附构型
（蓝色、灰色、红色、白色和青蓝色球分别代表 Ni、C、O、H 和 La 原子，键长单位为 Å）

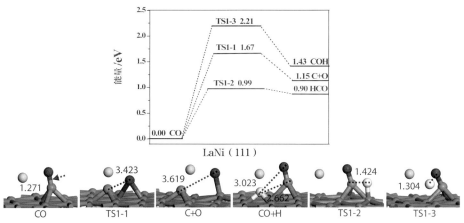

彩图 10　LaNi(111) 表面上 CO 活化反应的势能图以及相关反应起始态、过渡态和末态结构

彩图 11 LaNi(111) 表面上 CO 甲烷化所涉及的相关反应的起始态、过渡态和末态结构

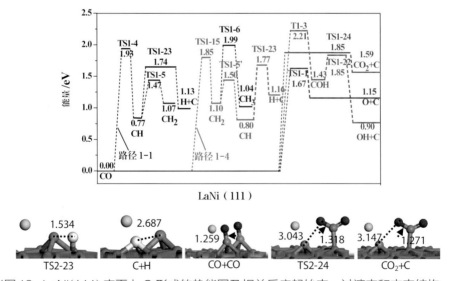

彩图 12 LaNi(111) 表面上 C 形成的势能图及相关反应起始态、过渡态和末态结构

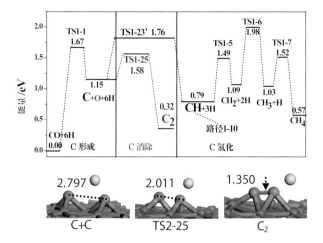

彩图13　LaNi(111)表面上C生成和C消除和C沉积路径及势能图及C成核反应起始态、
过渡态和末态结构图

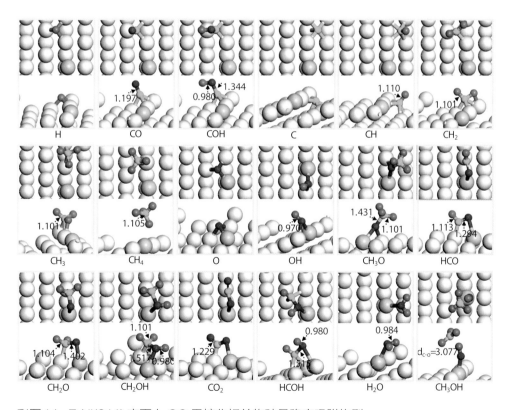

彩图14　ZrNi(211)表面上CO甲烷化相关物种最稳定吸附构型
（灰色和蓝绿色的大球分别代表Ni和Zr原子，绿色、红色和紫色的小球分别代表C、
O和H原子）

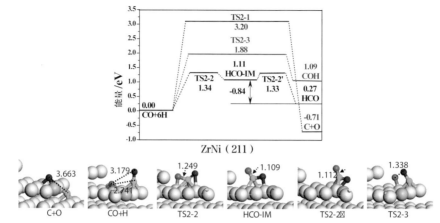

彩图15 ZrNi(211) 表面上 CO 活化反应的势能图及反应起始态、过渡态和末态结构

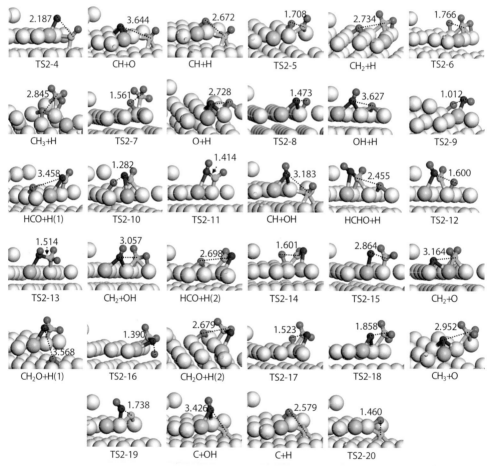

彩图16 ZrNi(211) 表面上 CO 甲烷化过程所涉及相关反应的起始态、过渡态和末态结构

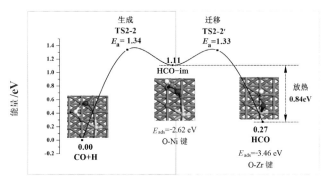

彩图 17 ZrNi(211) 表面上 HCO 的生成和迁移过程势能图

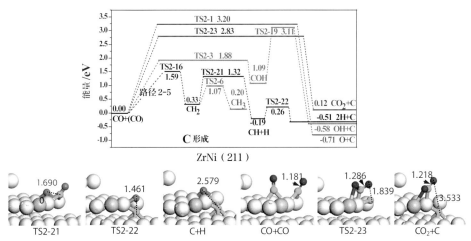

彩图 18 ZrNi(211) 表面上 C 的反应结构、路径和势能图及相关反应起始态、过渡态和末态结构

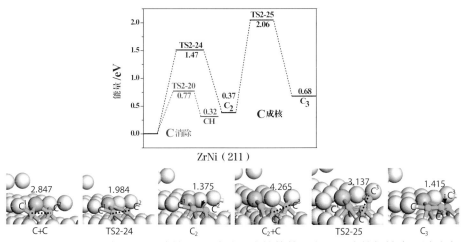

彩图 19 ZrNi(211) 表面上 C 成核和 C 消除反应的势能图以及反应的起始态、过渡态和末态结构（以 C^1、C^2 和 C^3 标记不同的 C 原子）

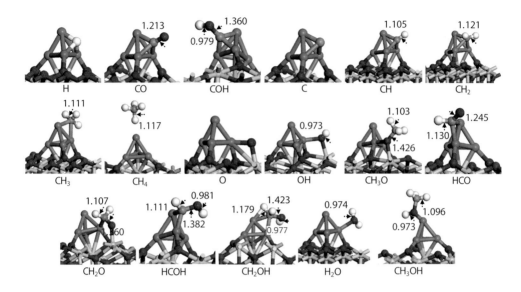

彩图 20　Ni₄–ZrO₂(111) 表面上 CO 甲烷化涉及的各物种的稳定吸附构型
（ 蓝色、灰色、红色、白色及青蓝色球分别代表 Ni、C、O、H 和 Zr 原子 ）

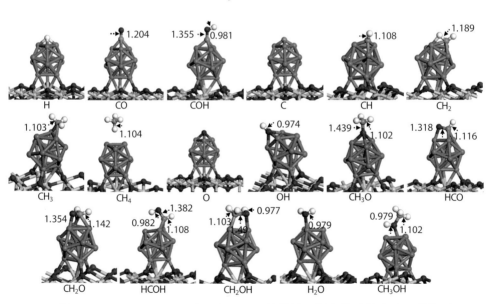

彩图 21　Ni1₃–ZrO₂(111) 表面上 CO 甲烷化涉及的各物种的稳定吸附构型

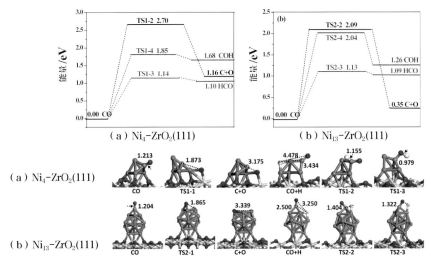

彩图 22　Ni₄-ZrO₂(111) 和 Ni₁₃-ZrO₂(111) 表面上 CO 活化反应的势能图及相关反应的起始态、过渡态和末态结构

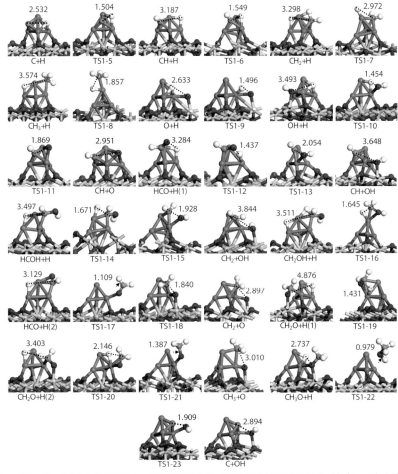

彩图 23　Ni₄-ZrO₂(111) 表面上 CO 甲烷化所涉及的相关反应的起始态、过渡态和末态结构

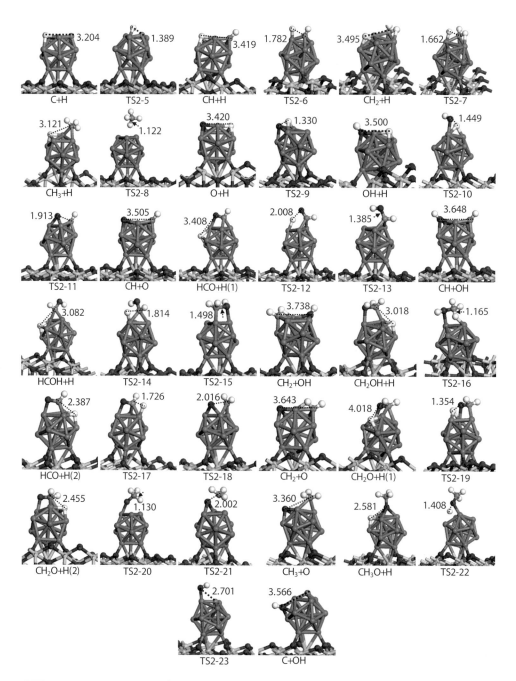

彩图 24　Ni₁₃-ZrO₂(111) 表面上 CO 甲烷化所涉及的相关反应的起始态、过渡态和末态结构

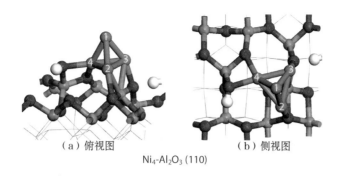

（a）俯视图　　　　　　　　（b）侧视图

Ni₄-Al₂O₃ (110)

彩图 25　Ni₄-Al₂O₃(110) 表面俯视和侧视结构图

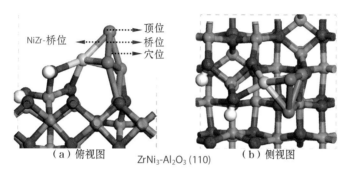

（a）俯视图　　　　　　　　（b）侧视图

ZrNi₃-Al₂O₃ (110)

彩图 26　ZrNi₃-Al₂O₃(110) 表面俯视和侧视结构图

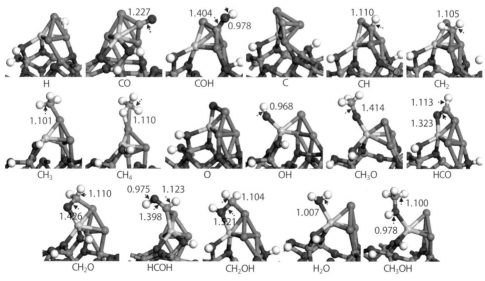

彩图 27　ZrNi₃-Al₂O₃(110) 表面上 CO 甲烷化各物种的稳定吸附构型
（蓝色、灰色、红色、白色、青蓝色及粉色球分别代表 Ni、C、O、H、Zr 和 Al 原子）

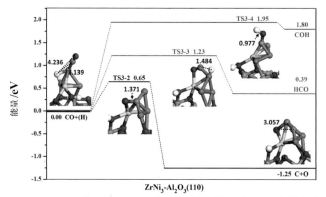

彩图28 ZrNi₃-Al₂O₃(110) 表面上CO活化反应的势能图以及反应的起始态、过渡态和末态结构

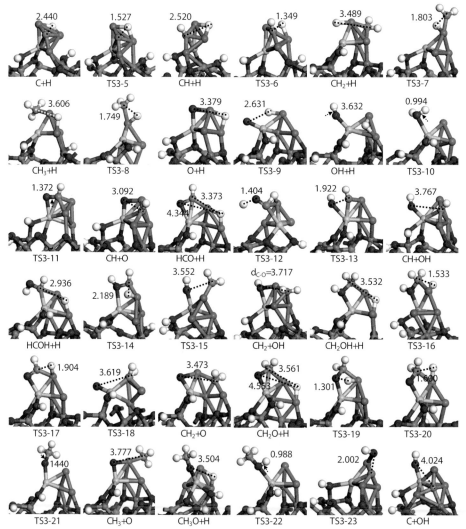

彩图29 ZrNi₃-Al₂O₃(110) 表面上CO甲烷化所涉及相关反应的起始态、过渡态和末态结构

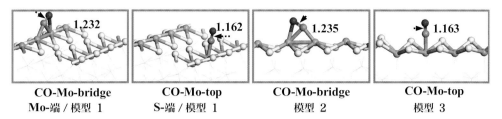

CO-Mo-bridge
Mo-端／模型 1

CO-Mo-top
S-端／模型 1

CO-Mo-bridge
模型 2

CO-Mo-top
模型 3

彩图30 CO 分别吸附于 Mo- 端／模型 1、S- 端／模型 1、模型 2 和模型 3 的结构图

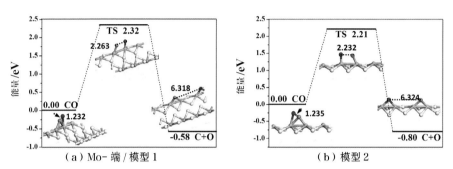

（a）Mo- 端／模型 1

（b）模型 2

彩图31 CO 解离反应在 Mo- 端／模型 1 和模型 2 的能量结构图

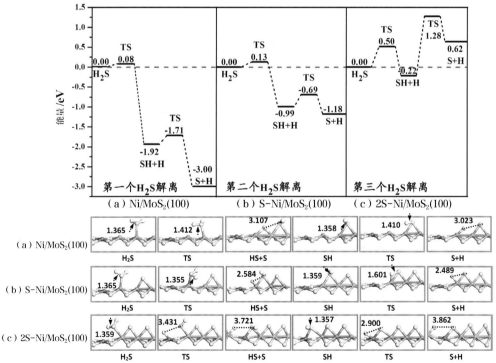

（a）Ni/MoS$_2$(100)

（b）S-Ni/MoS$_2$(100)

（c）2S-Ni/MoS$_2$(100)

彩图32 Ni/MoS$_2$(100)、S-Ni/MoS$_2$(100) 和 2S-Ni/MoS$_2$(100) 表面上 H$_2$S 吸附和解离的势能图

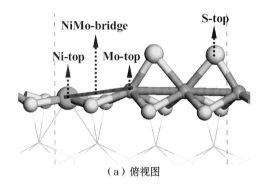

（a）俯视图

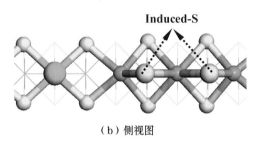

Induced-S

（b）侧视图

S-Ni/MoS₂(100)

彩图33　S–Ni/MoS$_2$(100) 表面侧视和俯视结构图

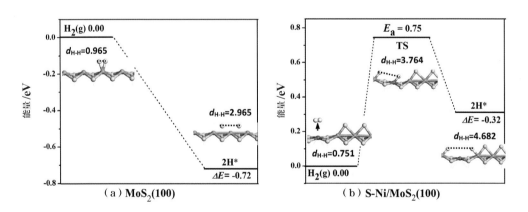

（a）MoS$_2$(100)　　　　　　（b）S-Ni/MoS$_2$(100)

彩图34　MoS$_2$(100) 和 S-Ni/MoS$_2$(100) 表面 H$_2$ 解离吸附的能量结构

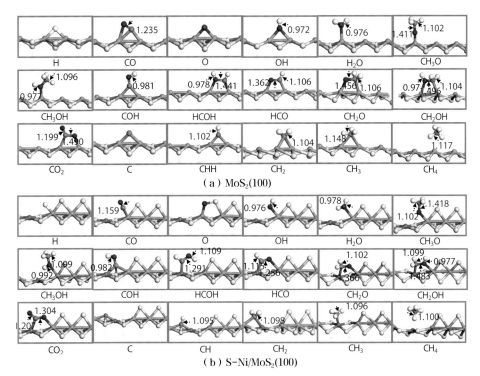

彩图35　MoS$_2$(100) 和 S-Ni/MoS$_2$(100) 表面上 CO 甲烷化涉及的各物种的稳定吸附构型（绿色、黄色、蓝色、灰色、红色及白色球分别代表 Mo、S、Ni、C、O 和 H 原子）

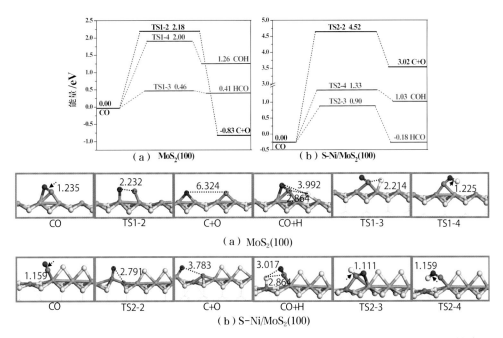

彩图36　MoS$_2$(100) 和 S-Ni/MoS$_2$(100) 表面上 CO 活化的势能图以及反应起始态、过渡态和末态结构

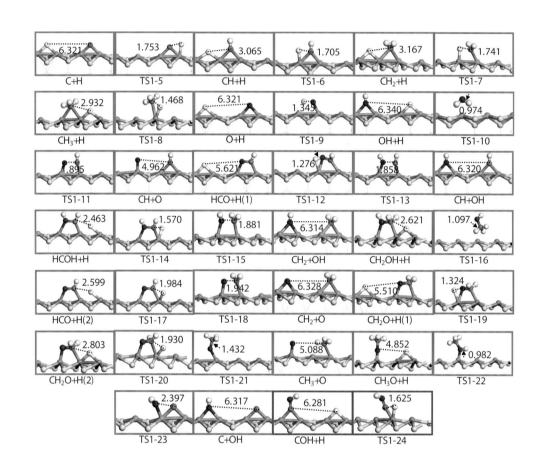

彩图37　MoS₂(100) 表面上 CO 甲烷化过程所涉及相关反应的起始态、
过渡态和末态结构

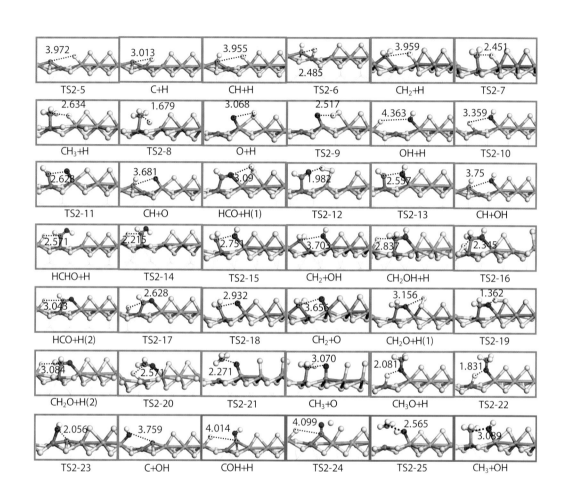

彩图38　S-Ni/MoS$_2$(100) 表面上 CO 甲烷化过程所涉及相关反应的起始态、过渡态和末态结构

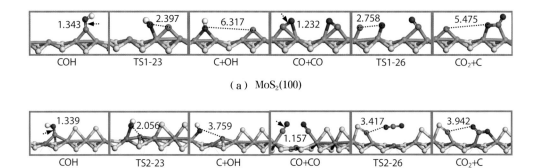

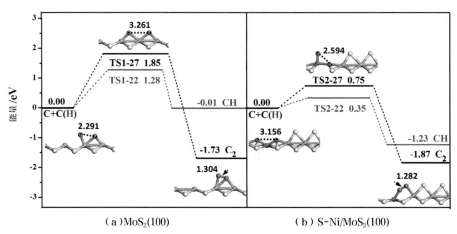

彩图39　MoS$_2$(100) 和 S-Ni/MoS$_2$(100) 表面上 C 形成所涉及相关反应的起始态、过渡态和末态结构

彩图40　MoS$_2$(100) 和 S-Ni/MoS$_2$(100) 表面上 C 成核和 C 消除势能图及反应起始态、过渡态和末态结构